풍경류행 / 지은이: 백진. —
파주 : 효형출판, 2013
  p. ; cm

ISBN 978-89-5872-121-5 03540 : ₩14,000

건축[建築]

610.4-KDC5
720.2-DDC21   CIP2013012971

풍경류행

백진

효형출판

풍경을 따라 흘러 다니는 유랑자와 같은 삶이었다.
남도의 시골, 서울, 플로리다, 바라나시, 예루살렘, 아테네 그리고 동경.
차이의 마력을 지닌 낯선 풍경이 고향 풍경과 만난다.
투명한 대기 사이로 먼 산도 명료하게 보이는 그리스 풍경과
산자락이 아련하게 겹치는 에로티시즘적인 고향 풍경이 조우한다.
이 '차이'의 만남 속에 담긴 풍경의 비밀,
그것은 무엇일까?

프롤로그

남도 끄트머리 시골 땅에서 태어나고 자란 소년의 눈에 비친 서울 풍경은 충격 그 자체였다. 버스가 내달려도 끄떡없는 고가도로에 마을 뒷산보다도 한참은 높아 보이는 고층 건물, 추수 뒤에 휑하게 드러난 논바닥보다도 넓은 차도와 촌뜨기는 어김없이 티가 나고야마는 멋스럽게 차려입은 도회지의 군중. 그런데 이런 낯선 서울 땅에서 마침표를 찍을 줄 알았던 삶의 노정이 어쩌다보니 여러 대양과 대륙에 어지러이 발자국을 남겼다. 15년여 가까이 몸을 붙였던 미국, 일본을 포함해 틈틈이 여행한 아테네, 예루살렘, 바라나시 등 다른 풍경과의 대면이 끝없이 이어졌다. 되돌아보면 내 삶은 풍경과 풍경 사이의 류행流行이었다.

낯선 곳에서의 유랑이 길어질수록 환경에 대한 나름의 생각이 발자국만큼이나 쌓여 갔고, 이를 일상의 언어로 전달하고자 글을 쓰기 시작했다. 공간적 유랑에서 시작한 글은 자연스레 시간적 유랑으로 이어졌다. 서양의 과거와 우리의 현재가 한데 섞이고, 일본의 중세와 서양의 현대가 시공을 넘어 만난다. 건축, 철학, 미술의 경계를 이리저리 넘나들다 어느새 종교의 벽도 훌쩍 뛰어넘는다. 그러다보니 배를 타고 대양을 자유로이 떠돌아다니듯 어떤 경계에도 매이지 않고 풍경과 풍경 사이의 이야기를 담을 수 있었다.

최근 세계 전역에서 이상기후 현상이 나타나고 있다. 곳곳에서 기후변화 적응전략이나 녹색에너지 기금 같은 여러 대안을 제시하고 있지만, 왠지 문제의 핵심에서 비켜난 느낌이다. 불안한 마음을 잠시 내려놓고 '우리에게 자연환경이란 무엇일까?'라는 근본적 질문을 던져야 한다. 예측할 수 없을 정도로 기이하게 변한 자연은 인간과 자연의 엉클어진 관계를 반영하고 있는 게 아닐까? 인간과 자연의 관계는 원래 어떤 모습이었을까?

책에서는 이 관계를 환경도 자연도 아닌 풍경이라는 말로 풀어간다. 가끔 풍토라는 표현도 쓴다. 나에게 '풍경'이라는 말은 원래 특별한 의미를 지닌 말이 아니었다. 별 의미 없이 흘려듣는 일상의 단어에 불과했다. 그런데 유학 생활 중 어느 날부턴가 풍경이라는 말과 그 의미가 특별하게 다가왔다. 원풍경原風景, 즉 고향의 풍경과 이국의 풍경이 서로 겹치며, 동일성과 차이가 눈에 들어온 게 그때부터였다.

서로 다른 풍경 사이에 낀 채 감수성의 촉수를 한껏 열고 지내는 게 유랑자의 삶이다. 물 머금은 플로리다의 고운 잔디는 고향 들길을 덮던 보드레한 쑥이 되었고, 하늘을 향해 터진 예루살렘의 꽃은 고향집 남벼락 아래 핀 새하얀 은방울꽃이 되었다. 펜신베이니아의 물이 잘 잘 흐르는 개울은 예닐곱 시절 폴짝 뛰어넘던 실개천이 되어 아렴풋한 기억에 생명의 물질을 부지런히 해댔다. 유사하지만 완벽하게 일치할 수는 없는 은유의 대체물이 눈에 들어올 때마다, 기억은 슬며시 되살아나 그 명줄을 연장하고 창조의 동력이 되었다.

우연히 접한 일본 환경철학자 와쓰지 데쓰로(和辻哲郎, 1889~1960)의

글은 풍경을 새로이 이해하는 데 큰 도움이 되었다. 우리는 지구를 에너지의 보고로 생각하고 효율적인 활용법을 고민하지만, 와쓰지는 인간과 자연의 관계에 천착했다. 독일 유학길에 이곳저곳을 유랑하며 풍경의 차이에 대해 생각하고, 풍경과 인간 내면의 연관 관계를 드러냈다. 그는 기후라는 단어가 이 내밀한 관계를 드러내기에 미진하다고 생각하여, 기후 대신 풍경과 풍토라는 표현을 즐겨 썼다. 그에게 있어 풍경을 이야기하는 것은 인간이란 존재가 과연 무엇인가를 탐색하는 과정이었다. 환경철학서 『풍토』를 집필하면서, '인간학적 고찰'이라는 부제를 단 이유도 바로 이 때문이었다. 1930년대에 이미 이러한 저서를 썼으니, 그는 환경문제에 대한 선견지명이라도 있었던 것일까.

와쓰지가 유랑 중 환경에 눈뜬 것처럼, 이 책도 개인적인 유랑의 경험을 바탕으로 풍경의 의미를 좇아간다. 나아가 본디 인간과 자연의 관계는 어떤 모습이었는지, 이 관계의 원형을 고민한다. 책으로 엮은 짤

막한 에세이들은 앞뒤로 연결되어 흐름을 형성하기도 하고, 때로는 홀로 짧은 단상을 내뱉기도 한다. 이런 다양한 생각이 앞서거니 뒤서거니 모여 풍경과 인간의 감각적 교감이 드러나며, 풍경과 삶, 풍경과 마음, 풍경과 공동체 그리고 풍경과 공공성의 연줄이 꼬아지길 바란다.

차례

프롤로그   007

첫 번째 이야기   삶이 보이는 풍경

지진과 정원 016 | 자연과 무상 024 | 무상의 도량 027 |
통풍과 프라이버시 029 | 습기의 일상 032 | 습기와 더위 034 |
통곡의 벽 038 | 쾌적 온도 17.78도? 041 | 따뜻한 십자가 044 |
라디에이터, 온돌, 노이트라 048 | 빛의 양수 049 |
모태 공간과 공감각 053 | 바람과 공감각 055 |
바라나시의 빛 057 | 은유의 지각 060 | 바라나시의 몸살 064

두 번째 이야기   마음이 보이는 풍경

습기가 그려낸 풍경 070 | 불과 물 그리고 마음 073 |
티마이오스와 대칭 074 | 풍토적 몸 076 |
에로티시즘의 풍경 083 | 체념과 변화 사이의 백의민족 086 |
눈 덮인 대나무 1 087 | 눈 덮인 대나무 2 091 |
사막의 마음 1 094 | 사막의 마음 2 097 |
지중해의 풍경 101 | 투명한 대기와 관조의 철학 104 |
일본의 정원과 균형 감각 110 | 그리스의 풍경과 균형 감각 112 |
아크로폴리스와 균형 감각 114

세 번째 이야기 　어울려 사는 풍경

무명의 손잡이 120 | 무명의 패션 121 | 무명의 건축 127 |
캄피돌리오 광장 132 | Genius 그리고 무명의 광장 135 |
잠수함 건축, 우주선 건축 138 | 테이블 140 | 대지 142 |
평평한 판 146 | 동그라미와 삶 148 | 원의 이중성과 삶 150 |
동그라미와 지속성 153

네 번째 이야기 　지속하는 풍경

자연으로 돌아가자? 160 | 빌라 165 | 님피엄 167 |
돌아갈 자연은 어디에? 172 | 최후의 제국 174 |
문명사회의 종착점 175 | 순수자연이 아니라 풍토 179 |
풍토를 이기는 기술은 없다 180 | 인형들의 가족사진 182 |
아미시의 콧수염 186 | 아미시, 친환경, 지속성 189 |
차이와 풍경 194 | 도시와 광장 195 | 일상의 궤적과 광장 197 |
길과 아고라 203 | 다채색 친환경 207

에필로그　　 210
참고문헌　　 216
도판 출처　　 221

첫 번째 이야기

삶이 보이는 풍경

지진과 정원

갑작스런 진동에 놀라 잠에서 깼다. 나는 동경 닛포리 부근에 있는 5층 짜리 콘크리트 건물에서 살았는데 가끔 미동을 느낀 적은 있었지만 그 날 아침에 찾아온 진동은 확연히 달랐다. 몸이 좌우로 30센티미터나 흔들릴 정도였다. 목숨이 붙어 있으니 이내 간사해져 '아, 이것이 바로 지진이구나' 하는 묘한 짜릿함을 느꼈다. 일본인 친구 방으로 뛰어 들어가 지진이 났다고 외쳤는데 별 반응이 없다. 이 정도의 흔들림은 그들에게 일상인가 보다.

서양인은 대개 일본의 자연에 대해 아름답다는 선입견을 갖고 있다. 그도 그럴 것이 근대 초기에 일본을 방문했던 서양 지식인들이 자국으로 돌아가 맨 처음 퍼뜨린 일본 문화가 정원이었기 때문이다. 기하학적 질서와 규칙을 바탕으로 한 서양의 조형 세계에 비춰볼 때 일본 정원은 사뭇 다르다. 베르사유 궁 정원과 가쓰라 궁 정원을 비교해

보면 알 수 있다. 베르사유 궁 정원은 둥그런 연못을 중심으로 축선이 사방을 향해 뻗어나간 모습이다. 축선들 사이를 정교하게 다듬은 잔디, 관목, 꽃이 메운다. 다시 이런 정원들 수십 개가 대로 같은 축선을 따라 대칭으로 배치되어 있다. 이 축선은 저 멀리 위치한 거대한 직사각형 연못을 넘어 허공을 향해 달려간다. 끝이 보이지 않는 축선, 태양왕으로 불렸던 루이 14세의 무한 권력을 상징하는 듯하다.

가쓰라 궁 정원은 다르다. 전체를 관통하는 거대한 축선은 존재하지 않는다. 연못도 정형을 따르지 않는다. 자유로운 곡선이 넓다가 좁아지고, 좁다가 넓어지기를 반복한다. 좁다란 길을 따라 다리를 건너면 저편에서는 보이지 않았던 차실茶室이 나타나 함께 연못에 비친 달그림자를 음미하자고 유혹한다. 베르사유 궁을 정원의 모델로 삼던 서양인에게 이런 가쓰라 궁 정원은 신선한 충격이었다.

일본 가정집에서 볼 수 있는 작은 정원인 쓰보니와坪庭도 서양인을 매료했다. 쓰보니와는 전체 면적이 약 240만 평에 이르는 베르사유 궁 정원과 비교하면 약 80만분의 1 그리고 가쓰라 궁 정원과 비교해도 6,000분의 1에 미치지 못하는 지극히 미천하고 작은 정원이다. 이 자그마한 정원에 소우주를 담아내는 일본인의 능력은 신기에 가까운 것이었다. 베르사유 궁 정원이 야생의 거대한 대지를 기하학적으로 재단하고, 그 광활함을 통해 무한을 표상한다면 일본의 접근법은 반대였다.

스러져가는 한순간이 영원의 그림자이듯 극도로 내밀한 세 평의 공간은 무한의 그림자인 것이다. 사방팔방으로 뻗어가는 축선으로 정복된 광활한 정원도 무한 앞에서는 갓난아기의 손바닥에 불과하다. 일

본 철학자 니시다 기타로(西田幾多郎, 1870~1945)의 말처럼 무한을 무한으로 표상하려고 하면 실패가 기다릴 뿐이다. 인간이 만들어내는 모든 것은 다 유한한데, 광활하다고 하여 이를 무한의 표상으로 보는 것은 착각이다. 내밀한 유한을 통해 무한을 비춰내는 것이 쓰보니와에 담긴 방식이다.

쓰보니와를 만든 이유는 무엇일까? 좁고 긴 땅에 집을 짓다보니 바람과 빛이 드는 작은 공간을 숨통처럼 열어둘 필요가 있었을 것이다. 하지만 이것만으로는 설명이 충분하지 않다. 일본에서 살다보면 자그마한 정원에 대한 그들의 애정이 유별나다는 것을 알 수 있다. 취미라기보다 유구하게 이어져 내려온 전통에 가깝다. 실제로 일본 가정집치고 정원 하나 없는 집이 없고, 각 정원에는 반듯한 소나무나 향나무가 꼭 한 그루쯤 있다.

동경 교외 지역인 가시와에서 살 때였다. 5월 하루를 '정원 개방의 날'로 정해 서로 정원을 개방하고 둘러본 기억이 난다. 거무튀튀한 콘크리트 블록 담 뒤에 숨어 있던 색색의 꽃들이 검은 자갈과 대조를 이뤘다. 금잉어가 노니는 자그마한 연못 주위로 소나무, 대나무, 단풍나무가 기품 있게 자라는 걸 보니 여기에 진짜 일본이 있구나 하는 감탄이 절로 나왔다. 담 밖에 있는 동네 공원은 아무도 돌보지 않는 공간처럼 보이는데, 집 안에 있는 자그마한 정원에는 왜 이토록 정성을 들이는 것일까?

서양에 선불교의 아버지로 알려진 스즈키 다이세쓰(鈴木大拙, 1870~1966)는 일본의 쓰보니와를 분석하면서 조그만 돌멩이는 대자연

의 바위를 연상시키고, 이끼는 푸르른 대지를 형상화한 것이며 똑똑 떨어지는 물소리는 빗소리를 담아낸다고 했다. 더 나아가 일본의 내밀한 정원이야말로 나무 한 그루가 비로소 참다운 나무로 드러나는 장소라고 했다. 무슨 뜻으로 한 말일까? 같은 나무라도 목수에게는 기둥감으로, 화전민에게는 농토를 만들기 위해 베어서 없애버려야 할 귀찮은 놈으로, 나무꾼에게는 땔감으로 보일 것이다. 어느 누구도 그 나무를 나무 자체로 바라보지 아니하고, 자신에게 이득이 되는 대로 왜곡시켜 바라보는 것이다. 이와는 달리, 정원에서는 단풍나무가 단풍나무로, 향나무가 향나무로 그리고 소나무가 소나무로 그 자태를 드러낸다. 이처럼 정원은 사심과 사욕을 버리고 나무를 나무로 보게 해주는 진실과 진리의 공간이다.

 그런데 스즈키는 한 번도 일본의 자연이 지닌 광폭함에 대해서는 이야기하지 않았다. 정원 속에 갇힌 자연의 아름다움만을 칭송한다. 간토 대지진을 경험했고, 매년 오는 태풍 또한 겪었을 텐데 그는 왜 자연의 광폭함에 대해서는 이야기하지 않았을까? 광폭한 자연 때문에 오히려 정원이 있어야 한다고 암시하는 것일까.

 이어령 선생이 적었듯 모든 것을 축소하여 소유하기를 원하는 일본인의 마음이 정원에도 반영되어 있다면, 정원을 이렇게 해석해보는 건 어떨까. 자연이 좀처럼 말을 듣지 않고 심지어 고삐 풀린 망아지처럼 날뛸 때도 있으니, 내 말을 잘 따라주는 유순한 자연을 갖고 싶었을 것이다. 서너 평의 땅에다 이끼와 자갈을 깔고, 낮은 대나무로 주위를 두르고, 한쪽에는 연못을 파고, 단풍나무, 소나무, 향나무로 여백을 두

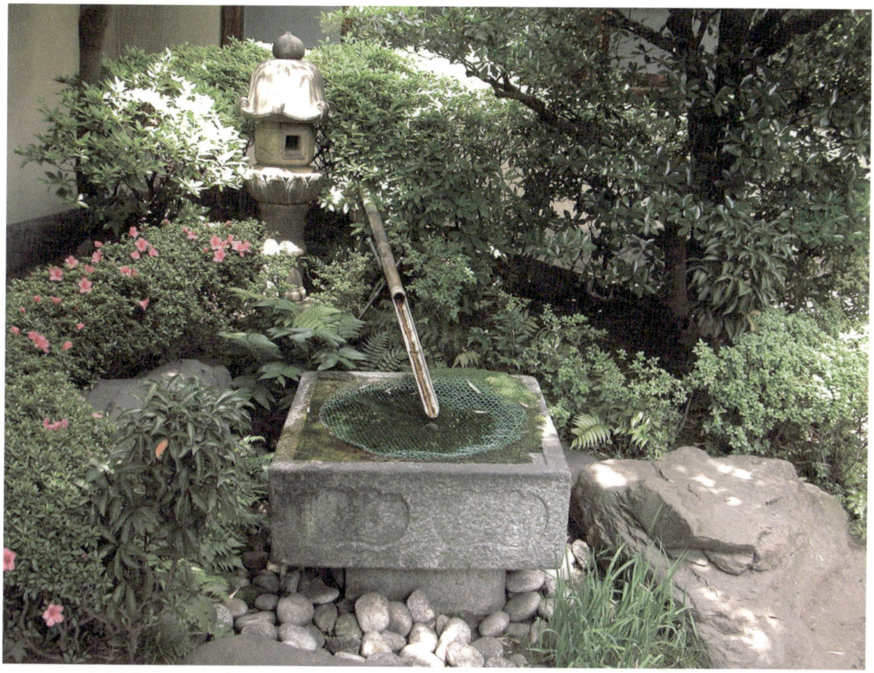

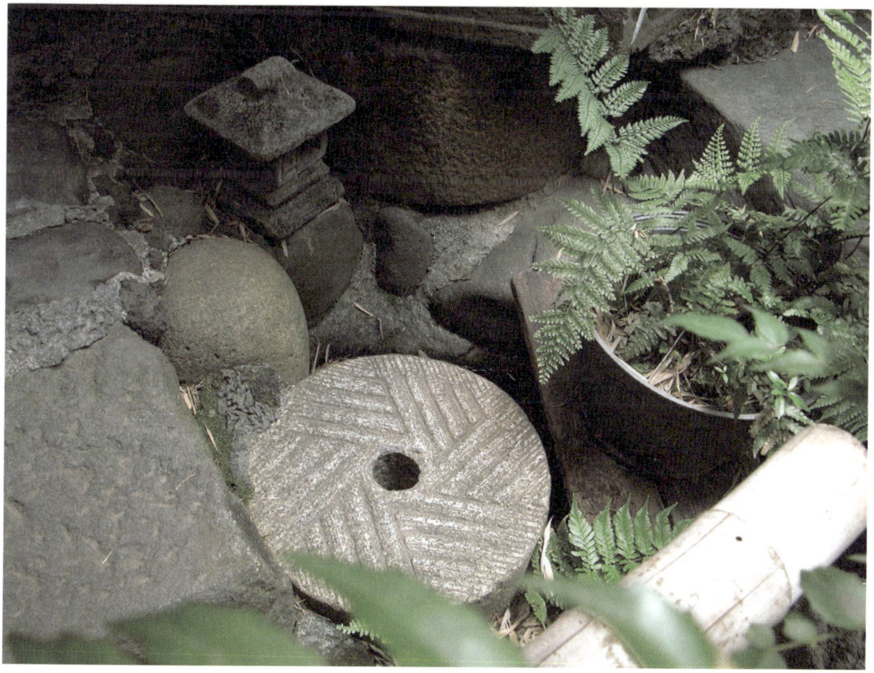

어가며 단장하는 것은 그러한 꿈의 실현이다. 정원 속 자연이 고요하고, 맑고, 정돈되어 있다는 것은 그만큼 바깥 자연이 정글처럼 얽혀 있고, 지진처럼 난폭하다는 반증인 것이다.

자연과 무상

일본의 자연은 서양인이 생각하는 것처럼 아름답지만은 않다. 여름이면 자연은 정글처럼 난잡해진다. 습기를 가득 머금은 열기가 대지를 달구는 까닭에, 머나먼 아프리카나 브라질에나 있음직한 정글을 발견할 수도 있다. 우리나라의 여름철 산야도 정글과 매한가지다. 이러한 현상은 더위와 습기가 결합된 지역의 일반적 특성이다. 유난히 습도가 높은 플로리다도 떠오른다. 플로리다에 살던 시절 앞마당을 가꾸는 일은 정신없이 솟아나는 잡초와의 끝없는 전쟁이었다. 주말마다 앞마당을 손질해도 며칠 새 어김없이 정글로 변했다. 이런 정글 앞에서는 도저히 자연과 싸울 용기가 나지 않는다. 그렇다고 포기하자니 집 꼴이 엉망이 될 테니 진퇴양난이다.

정글도 우리를 지치게 만들지만, 이보다 더 끔찍한 것은 홀연히 나타나 세상을 쑥대밭으로 만드는 광폭한 천재지변이다. 일본의 경우 1891년 노비 지진, 1923년 간토 대지진, 1995년 고베 지진 그리고 2011년에 일어난 도호쿠 대지진 등 떠오르는 것만 당장 적어봐도 여럿이다. 태풍이나 지진이 한 번 지나가고 나면 인간이 만들어놓은 것들이

얼마나 허망하게 사라질 수 있는지 절절히 깨닫는다. 담장이 무너지고, 지붕이 날아가고, 교회 첨탑이 휘고, 대형 유리창이 깨진다. 토사가 흘러들어 사람들이 매장되고, 길이 유실되어 버스가 낭떠러지로 떨어지고, 온 동네가 물에 잠겨 가축이 둥둥 떠다닌다. 우리나라도 지진과 태풍으로부터 완전히 자유롭지 않으니 전혀 남의 얘기만은 아니다.

이런 자연의 모습은 우리에게 '무상無常'이라는 관념을 심어준다. 모든 것이 덧없으니 무언가를 쌓기 위해 바둥바둥 애쓰며 살아갈 이유가 없다는 것을 깨닫게 해준다. 세상사 모든 것이 허망하니 욕심 없이 살라 한다.

광폭하지 않은 자연의 모습에도 이미 무상이 깃들어 있다. 우선 사계절의 변화가 그러하다. 오늘은 덥지만 조금 지나면 스산한 가을이 오고, 이내 두툼한 옷으로 꽁꽁 감싸고 다녀야 할 정도로 추운 겨울이 온다. 겨울이 너무 춥더라도 그리 절망할 필요는 없다. 참다보면 언젠가는 봄이 오니 희망을 품고 기다릴 수 있다. 붙잡을 것 없어 마음이 허해지다가도, 변화를 맞이할 미래를 향한 인내심이 자라난다.

자연은 다양하고 미묘한 차이에 대한 감정을 길러주기도 한다. 일년 동안 똑같은 계절을 보내는 사람들과 비교하면 우리는 다채로운 환경에서 살고 있다. 햇볕만 봐도 그러하다. 경직된 근육처럼 겨우내 움츠러든 산야를 야금야금 녹여내는 온기 충만한 봄날의 햇살, 숯불로 달구듯 살갗을 달달 볶는 여름날의 햇볕, 장마가 남기고 간 습기는 한 방울도 꼴 보기 싫다는 듯 멍석 위 홍고추를 바싹바싹 말려대는 쨍쨍한 가을볕, 흔적 없이 사라졌다가 눈 내린 다음 날이면 지극히 맑고 영롱하게 부활하는 겨울날의 햇발처럼 햇볕도 가지가지다. 이러니 미묘한 차이와 다양함에 대한 이해가 자연스럽게 싹트는 것은 아닐까.

무상의 도량

박사과정을 지도해준 윌리엄 라플뢰르(William R. LaFleur, 1936~2010) 교수는 나에게 무상과 일본 중세 불교의 관계를 가르쳐주었다. 일본에서는 천재지변으로 돌변하는 극단적 자연이 가져오는 무상함에 대한 관념이 12세기 중반에 이미 등장했는데, 라플뢰르가 소개한 가모노 조메이(鴨長明, 1156~1216)와 사이교(西行, 1118~1190)가 이를 실천한 대표적인 불승이다.

구도자 조메이는 요즘으로 따지면 조립식 주택을 짓고 살았다. 그는 한 변이 10척尺인 움막 같은 집을 짓고 살았는데, 땅에 기반을 둔 안정적인 집이 아니었다. 대충 땅을 고르고 큰 돌을 찾아 그 위에 집을 앉혔다. 그가 이렇게 집을 지은 이유는 이동성을 높이기 위해서였다. 이동할 때마다 부재를 해체한 후 새로운 곳에 가서 다시 조립하여 사용했다. 수도승으로서 그의 삶은 곧 유랑이었고, 이를 대변하는 것이 바로 조립식 움막이었다.

그는 땅에 대해 무관심했다. 마음 가는 곳이면 움막을 지어 머물렀고, 마음이 움직이면 홀연히 떠났다. 어차피 땅은 흔들릴 것이고 그때는 저 아랫마을의 반듯한 기와집도 흔들리다 힘없이 무너질 터인데, 명당을 찾아 고대광실을 짓는 것은 다 허망한 짓이었다.

집과 땅에 대한 무관심은 일종의 종교적 실천이었다. 삶의 무상을 깨닫는 것이 열반에 이르는 중요한 이정표 가운데 하나라면, 이를 깨달은 자는 집에 대한 태도도 달라야 한다. 지진이 나면 무너질 건물을 부질없이 짓느니, 무상의 실재를 받아들이고 이승에서부터 일찌감치 해탈의 길로 나아가는 것이 바람직하다. 그래서 조메이는 최소한의 부재로 간단히 조립하고 해체할 수 있는 움막에 거한 것이다. 간소한 부재를 수레에 싣고 떠돌아다니는 과정은 열반을 향해 나아가는 수도 그 자체였다. 해체와 조립의 반복은 죽음과 환생을 의미했다.

사이교 역시 자연이 가져오는 무상에 대해 성찰하고, 이를 삶에서 받아들였다. 하지만 조메이와 달리 사이교는 여느 집을 짓는 것처럼 땅 위에 주춧돌을 세우고 단단히 고정했다. 시간이 흘러 집이 쇠락하니 비가 새고, 달빛이 스며들고, 모퉁이가 어긋나 쥐가 넘나들었다. 그래도 그는 집을 수리하지 않았다. 기둥을 반듯하게 정비하고, 보를 보강하고, 썩은 나무를 갈아 끼우고, 틈을 메우는 것은 부질없는 일이었다. 어차피 또 퇴락할 것인데 굳이 수리할 이유가 없었다. 그래서 그는 폐허가 된 집에서 생을 마감했다. 우리에게는 귀신이 나올 법한 꺼림칙한 집이지만 무상을 깨달은 수도승에게는 최고의 도량道場이었다. 어긋난 나무판 사이로 비집고 들어오는 찬 바람은 그의 정신을 명징하게 하는 한없이 고마운 벗이었다.

통풍과 프라이버시

일본에 잠시 거주하던 때였다. 어느 날 세심한 집주인이 우리 가족을 위해 슬리퍼를 잔뜩 사왔다. 하나같이 앞에 구멍이 나 있었다. 미국에서 10년 넘게 살다 일본으로 터를 옮긴 나에게는 신기한 슬리퍼였다. 미국에서는 이런 슬리퍼를 본 기억이 나지 않았다. "왜 이렇게 구멍이 나 있는 걸까?" 하고 혼잣말처럼 물으니 돌아오는 대답이 너무나 신선하다. "습기 때문이죠." 미국에서 오래 살다보니 동양의 풍토를 잊었던 것이다. 자그마한 사물 하나에도 풍토적 특성이 반영되어 있다는 사실이 새삼스럽게 다가왔다.

일본에서는 곳곳에서 습기의 흔적을 발견할 수 있다. 비행기에서도 앞이 트인 슬리퍼를 준다. 신발도 다비, 와라지, 게타 등 여러 가지인데, 이런 신발은 다 무좀 방지용이다. 발가락과 발가락 사이를 벌려 습기가 차지 않도록 한다. 집에 들어갈 때 신발을 벗는 습관도 습기와 관련이 있을 것이다. 발가락 사이를 서늘하게 말리고 싶지 않았을까.

습기와 건축은 어떤 관계가 있을까? 일본 집을 벽보다는 평평한 바닥과 지붕을 중요히 다룬 건축이라고 이야기한다. 바닥과 지붕 사이에 보이는 것이라고는 창호지를 바른 얇은 스크린뿐이다. 스크린을 확 열어젖히면 사방이 열리는 개방적인 건축이 된다. 바람이 쉬이 넘나들기에 여름이면 습기를 빼내는 데에 큰 도움이 된다. 대신에 겨울에는 무지 춥다. 찬 바람이 창호를 툭툭 치고, 다다미 깔린 방바닥마저 싸늘하니 삼나무 욕조 안에서 몸을 한동안 데우지 않으면 추위에 떠느라 잠

들 수 없다. 히바치를 앞에 두고 몸을 이불로 감싸거나, 고타쓰를 덮은 이불 아래 발을 집어넣고 하체에 느껴지는 온기로 얼굴에 닿는 냉기를 견디며 바들바들 떠는 모습이 일본인이 겨울밤을 보내는 흔한 풍경이다. 이렇게 추위에 떨면서도 우리의 온돌에 견줄 만한 난방 기구를 사용하지 않고, 집을 개방적으로 짓는 데는 이유가 있다. 추위보다 찌는 듯한 한여름 습기가 더 고통스럽기 때문이다. 겨울에는 얼어 죽지만 않으면 된다.

자연 통풍을 중요하게 생각하다보니 고정된 벽을 만들지 않았다. 방과 방은 스크린으로만 나누고 필요하면 언제든 사이를 텄다. 시원한 바람이 들어와 더위와 습기를 머금고 옆방으로 흘러가고, 그 바람은 중정을 거쳐 하늘로 빠져나가도록 고안한 것이다. 요즘이야 방마다 콘크리트 벽이 딱 버티고 서 있으니 그나마 창으로 들어온 바람도 방에서 그냥 맴돌다 사그라진다. 바람길이 열려야 바람에 속도가 붙어 더위와 습기를 내보낼 수 있는데 용도 써보기 전에 기가 꺾이고 만다.

방과 방 사이를 그리도 가벼운 스크린으로만 구획했다는 것은 무엇을 의미할까? 이는 방에 거하는 사람들끼리 무척이나 친해서 언제든지 벽을 열어젖혀 더위와 습기에 공동으로 대처할 자세가 되어 있었다는 뜻이다. 요즘 사람들처럼 프라이버시에 민감하지 않아서, 꼭 필요하면 그냥 스크린 문을 닫았다. 문을 닫아도 위쪽은 트여 있어 바람은 여전히 넘나들었다. 일본에서 개방적인 성문화가 발달한 데는 습기의 영향도 있을 것이다.

고가의 주상복합 건물에 입주한 사람들이 통풍 문제로 불편을 호소한다고 한다. 바람이 전혀 통하지 않으니 수족관에 갇힌 물고기처럼 살아간다. 바람이 통하도록 통풍창을 만들어야 하지만 이것만이 답은 아니다. 통풍창으로 들어온 바람이 멈추지 않고 여러 방을 거칠 수 있도록 바람길을 터줘야 한다. 그러기 위해서 방과 방의 관계를 다시 짜야 하는 것은 아닐까? 프라이버시에 대해서도 다시 생각해봐야 한다. 방과 방 사이의 관계는 곧 나와 형제 그리고 부모님 사이의 관계이다. 그 사이에 무엇이 있는가? 콘크리트 같은 두꺼운 벽인가 아니면 필요할 때마다 열 수 있는 가벼운 스크린인가? 통풍은 저절로 되는 것이 아니라 어울려 살 때 이루어진다는 것, 일본의 집이 우리에게 가르쳐주는 교훈이다.

습기의 일상

즐겨 듣는 라디오 프로그램에서 한 외국인이 한국의 여름이 너무 덥다고 푸념하는 것을 들었다. 방에 에어컨이 따로 없어 선풍기 두 대를 얼굴 앞에 틀어놓고 지낸단다. 그런데 선풍기를 얼굴에 바짝 가져와 바람을 쐰다는 말이 갑자기 새롭게 다가왔다. 미국에서는 그러지 않았을 텐데, 한국의 여름은 무엇이 다르기에 선풍기 앞으로 얼굴을 들이밀고, 팔과 등짝 그리고 뱃가죽을 드러낸 채 억척스럽게 바람을 쐬는 걸까.

집집마다 에어컨이 보급되면서 선풍기는 이제 추억의 전기기구가 되었다. 어릴 적에는 방문을 활짝 열어놓아도 무더운 날이 꽤 있었다.

선풍기 날개가 연신 돌아가며 바람을 만들면 그 앞에 모여 앉아 씨를 발라가며 수박을 먹곤 했다. 형제가 많은 우리 집은 선풍기를 언제나 회전 상태로 맞춰놓았다. 내 차례가 되어 바람이 얼굴을 쓸어줄 때마다 얼마나 시원했는지 모른다. 금세 지나가는 선풍기 고개를 내 앞으로 붙들어 매고 싶었지만 옆에 앉은 누나와 동생들이 있으니 곧 순서가 돌아오기만을 기다렸다.

선풍기를 가까이 두고 쓰는 우리와 달리 미국은 팬을 천장에 달아서 돌리기만 한다. 건축 자재나 가전제품을 파는 가게를 다녀봐도 바닥에 세우는 선풍기를 찾는 게 쉽지 않다. 에어컨 설비가 잘 되어 있어선지 천장에 달린 팬은 공기 순환용으로만 쓰인다. 실내에서 신발을 신고 다니니 바닥에서 바람을 세게 일으키면 위생상으로도 좋지 않다.

그런데 이것만으로는 다 설명되지 않는다. 선풍기를 가까이 두고 바람을 쐬지 않아도 된다는 건 한여름에 바람이 몸에 직접 닿지 않아도 지낼 만하다는 뜻이다. 차이의 원인은 더위가 아니라 습기에 있다. 두 곳 모두 덥지만 우리 여름은 습기가 있어 더욱 특별하다. 살갗에 들러붙는 습기 때문에 선풍기를 코앞에 놓고 바람을 쐬어야만 시원하게 느껴진다.

요즘에는 에어컨을 많이 쓰다보니 습기의 위력이 예전만 못하다. 선풍기에 찰싹 붙어 바람을 쐬던 풍경도 사라지고 있다. 에어컨 없는 방에서 지내는 그 외국인에게는 우리 여름이 얼마나 후덥지근할까. 습기가 점잖은 한 외국인을 어릴 적 나보다도 더 억척스럽게 바꿔놓았다.

습기와 더위

습기와 더위가 결합한 일상은 어떤 모습일까? 이 질문을 이렇게 바꿔볼 수도 있다. 플로리다는 사람이 살기에 좋은 곳일까 나쁜 곳일까? 펜실베이니아 대학교에서 박사과정을 마치고 플로리다에 있는 대학교에 교수직을 얻었을 때 뛸 듯이 기뻤다. 교편을 잡은 기쁨은 물론이요 꿈에 그리던 플로리다에서 살게 되었으니 더욱 들떴다. 어릴 적 흑백텔레비전으로 보던 광고가 떠올랐다. 나무 사이에서 미소를 머금고 오렌지를 따던 일꾼들이 '따봉'을 외치던 광고였다. 내가 그 플로리다에서 살게 되다니! 어떤 때는 날씨가 런던처럼 우중충한 미국 동부에서 8년을 살았으니 '태양의 주, 플로리다'는 그야말로 꿈의 땅이었다. 마치 미국이 감춰놓은 낙원에라도 입성하는 것처럼 흥분되었다.

그런데 웬걸, 막상 플로리다에서 살아보니 그곳은 낙원은커녕 사람이 살 만한 곳이 아니었다. 모래 성분이 많아 지반이 약하고, 파충류와 해충이 지천이었다. 더 큰 문제는 더위였다. 초기에 쿠바 등 남미에서 온 이주민들만 정착했지, 미국계 백인들이 플로리다를 선호하지 않은 이유도 여기에 있었다.

이런 판도를 바꾼 것이 에어컨의 개발이었다. 에어컨과 함께 플로리다에 새로운 이주민사가 쓰이기 시작한 것이다. 에어컨이 보급되면서 집 형태도 바뀌었다. 이전 주택들이 긴 처마를 빼내고 맞바람이 통하도록 방갈로 형태로 디자인되었다면, 에어컨이 보급되면서는 실외기만 바깥에 슬그머니 남기고 모든 공간을 밀폐했다. 밖에서 보면 두꺼운 벽으로 꽁꽁 막은 집 같다. 에어컨을 틀어놓고 창문을 꼭 닫은 채 집 안에서 미식축구나 야구, 농구 경기를 보는 것. 이것이 바로 플로리다의 일상이다.

덥기만 하면 그나마 살 만할 수도 있는데, 거기에 습기까지 착 달라붙은 것이 플로리다의 기후다. 허리케인 역시 대기에 떠 있는 뜨거운 습기가 벌이는 심한 장난이다. 더위와 결합한 습기 때문에 모기가 창궐한다. 말은 제주도로 보내라고 했다지만 모기는 자고로 플로리다로 보내야 한다. 습기와 더위가 섞이면서 모기가 서식할 천혜의 환경이 만들어지기 때문이다. 플로리다에서 다양한 옥외 활동을 할 수 있을 거라는 생각은 착각에 가깝다. 더위, 습기 그리고 모기와도 싸워야 하니 말이다.

플로리다에 대한 환상이 깨졌지만 그렇다고 그곳이 영 쓸모없는 땅은 아니다. 쿠바 아바나에서 시가를 제작하던 기업가 비센테 마르티네스 이보는 불안한 노동시장, 높은 세금, 쿠바혁명을 피해 플로리다 주 남부의 키웨스트라는 섬으로 공장을 옮긴다. 하지만 그곳 역시 공장을 운영하기에 적합한 입지가 아니어서 중서부의 탬파 항 부근으로 산업 기반을 다시 옮긴다. 미국 동부와 탬파를 잇는 철도가 완성되어 시가 운송이 편해지고, 탬파 항의 기반 시설이 확충되어 쿠바에서 담뱃잎을 들여오기도 쉬웠기 때문이다. 이보가 정착한 곳은 후에 그의 이름을 따 이보 시티Ybor City라고 불린다. 한때 이곳은 전 세계에서 시가를 가장 많이 생산하는 곳이자 양질의 시가를 공급하는 '시가의 수도'로 손꼽혔다.

이보가 탬파에 정착한 결정적인 이유는 운송의 편리함 말고도 또 하나가 있었다. 바로 탬파의 기후 조건이다. 적정 습도가 유지되는 탬파

의 따뜻한 날씨는 시가의 맛과 향을 살리는 데 결정적 기여를 한다. 건조한 곳에서 숙성되고 보관된 시가는 맛과 향이 떨어지며 부서지기 쉽고 빨리 타버리니, 건조한 날씨는 시가의 적이다. 반면 습기가 너무 많아도 문제다. 시가가 들쑥날쑥 타고 신맛이 강해진다. 시가 제조와 보관에 가장 적절한 습도는 65~75퍼센트인데, 탬파의 연중 습도가 70~75퍼센트 정도이니 그야말로 자연이 알아서 시가를 돌봐주는 것이다.

동짓날 추위가 살을 에는 것처럼 아리지만 그 추위에 두부를 굳힌다. 플로리다의 습기와 더위도 그렇다. 한쪽으로는 모기를 번성시키지만 다른 쪽으로는 시가의 향기를 숙성시킨다. 같은 풍토를 두고 피하기도 하고 받아들이기도 하며 줄 타듯 살아가는 것이 풍토 앞에 선 인간의 숙명인가보다. 우리의 삶은 풍토와 풀 길 없이 꼬여 있다.

통곡의 벽

빤질빤질 윤이 나는 돌로 바닥을 덮은 예루살렘 구도심의 자그마한 광장에 서 있다. 뜨거운 햇볕이 거울 같은 돌 표면에 반사되어 이미 달아오른 광장을 더한 열기로 채운다. 사람들은 광장 주변에 설치된 아케이드에 몸을 숨기고 광장을 구경할 뿐이다. 반대로 겨울에는 아케이드 안쪽 그늘에서 오래 버티기는 차가울 테니, 광장으로 나가 따사로운 햇살을 즐길 것이다. 그때는 햇살을 튕기는 매끄러운 저 돌이 무척 고마우리라.

광장을 지나 정처 없이 걷다보니 유대인 구역에 이르렀다. 갑자기 시야에 또 하나의 광장이 들어왔다. 말로만 듣던 '통곡의 벽'이다. 벽 위로는 황금빛 모스크 지붕이 슬쩍 보이고, 그 아래로는 20여 미터에 이르는 석회암 돌벽이 하늘로 치솟아 있다. 유대인도 아니고 유대교 전통 모자인 키파도 쓰지 않은 나는 멀찌감치 떨어져 통곡의 벽 앞에서 기도하는 유대인들을 바라볼 수밖에 없었다. 그들은 두꺼운 검은 외투를 걸치고, 중절모를 쓰고, 꼬불꼬불 감긴 긴 머리를 드러내며 연신 몸을 흔들어댄다. 입술로 무언가를 계속 중얼거리면서 말이다. 이 뜨거운 여름날, 손바닥 한 뼘의 그늘도 없이 하늘 아래 모든 게 노출된 곳에서 더구나 반사열을 내뿜는 돌로 덮인 광장에 서서 뭐하는 것인지 이해가 안 되는 장면이다. 가만히 구경만 하는 나는 벌써 그늘이 그리워지는데 말이다.

뙤약볕 아래에서 두꺼운 외투를 입고 바보처럼 스스로 몸을 달구

는 이 유대인들은 편안함을 의도적으로 포기한 사람이다. 남들이 시원한 그늘에서 감미로운 오후의 여유를 즐길 때, 그들은 검정 외투를 뒤집어쓰고 땡볕으로 나간다. 자신의 의지를 또렷하게 천명하며 고난의 길을 택한 것이다. 일상의 편안함과 육신의 안일함을 넘어서 한여름에는 뜨거움에 숨 막히는 양달로, 한겨울에는 얼음장 같은 냉기가 살을 파고드는 그늘로 뛰어든 것이다. 양달을 피해 응달로 가고, 응달을 피해 양달로 가는 일상과는 거꾸로 가는 삶. 그 속에 그들의 헌신적인 신앙심이 있다.

쾌적 온도 17.78도?

어느 날 유명한 일본 건축가가 지은 교회를 방문했다. 사람들이 공간을 어떻게 쓰는지 궁금해서 일부러 일요일에 방문했다. 육중한 콘크리트 벽으로 둘러싸인 아담한 공간에서 사람들이 예배를 드리고 있었다. 뒷자리에 슬그머니 들어가 앉았는데, 처음 들어올 때는 온기가 있는 것 같더니 금세 쌀쌀해진다. 공사비를 아끼려 단열재를 쓰지 않은 걸까? 옆에 앉은 동료에게 춥다고 한마디 했더니 그 친구가 감동적인 말을 한다. "This is the ethos of spirituality!" 그는 서양인이라 추위를 덜 타는 걸까. 어쨌든 멋진 말이다. 추워서 몸을 오싹 옴츠리고 정신 상태를 팽팽하게 유지하도록 하는 이 긴장감이 바로 성스러운 예배 공간의 정서라는 뜻이었다.

어떤 공간이 어느 정도의 온도를 유지해야 쾌적한가에는 답이 있는 것 같지 않다. 미국에서 일하다보면 에어컨 온도가 여간 신경 쓰이는 게 아니다. 서양인이 상대적으로 열이 많기 때문이다. 화씨 72도로 맞춰놓으면 처음엔 시원하다 싶다가 어느덧 차갑게 느껴진다. 그래서 77도로 올리면 잠시 후 난리가 난다. 사장이라는 사람이 누가 에어컨 온도를 높였냐고 씩씩대며 다시 온도를 내린다. 피비린내 나는 스테이크를 즐겨 먹는 이들이니 어쩔 수 없다 생각하며 물러선다. 힘없는 내가 가만히 카디건을 하나 껴입는다.

동양에서 제일 먼저 쾌적 온도와 습도를 이야기한 이는 1920~30년대에 실험주택을 많이 지었던 일본 건축가 후지이 고지(藤井厚二, 1888~1938)일 것이다. 교토 대학 교수이기도 했던 그는 당시 일본에서 유행한 미국식 목조주택을 비판하면서, 해외의 목조주택을 받아들이되 어떻게 일본 기후에 적합하게 변형할지 고민했다.

후지이는 오랜 고민 끝에 인간의 삶에 가장 적합한 온도는 17.78도이고, 습도는 65퍼센트라는 무척 흥미로운 결론에 도달했다. 그는 자국 풍토에 관심이 있었기에 당연히 일본인 체질에 기초하여 온도와 습도를 조사하고 이를 바탕으로 쾌적 온도와 습도를 결정하고 싶었지만, 당시 일본에는 환경 실험을 할 만한 시설이 갖추어져 있지 않았다. 그래서 대안으로 신체 물질대사를 연구한 서구 의학자 레너드 힐과 막스 루브너의 연구자료에 주목했고, 신체 박동 수와 맥박, 신진대사 등에 관한 이들의 연구를 바탕으로 쾌적 온도와 습도를 정했다.

예배당 온도를 재보지는 않았지만 체감온도로 보면 10도 언저리인

듯했다. 후지이의 기준으로 보면 쾌적하지 않은 저온 공간이다. 17.78도와 10도의 차이는 무엇을 의미할까. 친구의 이야기처럼 영성의 에토스가 자리하고 있는 것일까. 영성은 일상의 평온한 온도를 거부하고 일부러 추운 곳을 좇기라도 한단 말인가.

　기독 사상가 우치무라 간조(內村鑑三, 1861~1930)가 떠오른다. 무교회주의라는 일본적 기독교를 탄생시킨 그는 김교신, 함석헌 등의 스승으로 우리에게도 잘 알려진 인물이다. 우치무라는 차가움이 갖는 종교적 의미를 설파한 사상가이기도 하다. 그는 어떤 이가 뜨거운 눈물을 펑펑 쏟으며 "주여, 주여, 제가 주를 따라 죽겠나이다!" 하고 외치면 얼음을 동동 띄운 찬물 한 양동이를 그에게 확 끼얹으라고 설교했다. 당하는 이는 웬 날벼락인가 싶겠지만 이것이 신앙을 굳게 하는 방법이란다. 찬물 때문에 부푼 열기가 쫙 빠지고 정신이 말짱해지면 여전히 주를 따라 죽을 것인지 묻는다. 이때 나오는 고백이 진짜 고백이다. 뜨거운 결단과 이성적 판단이 합치해야 신뢰할 수 있는 고백인 것이다. 우치무라의 제자 김교신도 새벽 4시면 일어나 기도 전에 냉수마찰부터 했다. 피부를 파고드는 냉기는 가슴에 쌓인 종교적 열정에 냉정한 판단력을 더해주었다.

　예배당을 메우는 차가운 공기는 양동이에 담긴 찬물과 같다. 나의 살갗을 스며들어 정신을 또렷하게 한다. 무릇 뜨뜻하면 처지고, 퍼지고, 늘어져 판단력이 흐려지는 법이다. "아멘, 아멘" 하고 천장이 울리도록 흥을 넣다가 길을 나서면 무엇에 대해 아멘을 외쳤는지도 모르는 경우가 있다. 차가운 공기는 다시 생각하게 한다. 차가움은 육화(肉化)된 이성이다.

따뜻한 십자가

십자가가 따뜻할 수 있을까? 십자가는 눈으로 보는 것인데 촉감으로 느끼는 게 가능할까? 먼지 한 점 없이 투명한 겨울 아침이다. 들이쉬는 숨이 차갑기는 하지만 맑은 기운이 가슴으로 들어와 허파를 씻어주는 듯하다. 그런 날 콘크리트로 지은 교회에 들어선다. 예배당으로 들어서니 밝고 광활한 밖과 대비되는 어둡고 소박한 공간이 나를 감싼다. 훈기를 기대하며 실내로 들어선 몸은 여전한 추위에 움츠러든다.

사무치는 추위 속에서도 나를 확 끌어당기는 것이 있다. 정면을 네 개의 콘크리트 조각으로 가른 뒤 그 틈새를 유리로 메워 만든 십자가다. 이 십자가는 어두운 예배 공간을 밝히는 한 줄기 빛으로 다가왔다. 어둠 속으로 떨어지는 빛이라 더 찬란하고 강렬하다. 냉랭한 공간에 떨어지는 빛이라 더 포근하고 따스하다. 추위에 웅크린 몸이 스스로 그 빛을 향해 걸어간다. 시커먼 나무판자로 마감된 계단에서 걸음을 뗄 때마다 빈 공간에 소리가 울려 퍼지니, 십자가를 향하는 발걸음에 신경이 집중된다. 내 몸을 향해 투명하고 곧은 빛줄기를 내뿜는 그곳으로 뚜벅뚜벅 내려간다. 냉기로 돌기가 솟아오른 살갗에 온기가 돌면서 몸의 긴장이 서서히 풀린다.

차가운 공기가 스치면 몸이 굳고, 따사로운 햇빛을 발견하면 몸이 앞뒤 가리지 않고 순진하게 빛을 향해 빨려간다. 뜨거운 몸을 가진 이라면 누구나 다 그럴 것이다. 어두운 공간에 들어가면 눈을 씻게 되고, 더욱 영롱하게 보이는 빛줄기를 발견한다. 이것이 이 교회의 매력이다.

몸으로 느끼는 공감각 위에 교회가 지어졌다.

　십자가를 관통하는 빛을 한참 쬐다가 교회를 나섰다. 밖으로 나오니 대낮인데도 빛이 사라지고 없다. 아니 빛이 없다는 건 틀린 말이다. 공기가 너무 편만해 평소에 공기의 존재를 인식하지 못하듯이, 빛으로 가득 찬 세상을 거닐면서도 빛의 존재를 느끼지 못한 것이다. 온 세상이 밝은 통에 빛이 눈에 보이지 않고, 손에 잡히지 않고, 피부로 느껴지지 않는다. '충만함'은 빛이 자신을 숨기는 효과적 도구이다. 그 교회가 한 일은 빛을 보이게 만든 것이다. 일상에서는 자신을 숨기고 있는 빛이 그곳에서는 따뜻함과 영롱함으로 나타났던 것이다.

라디에이터, 온돌, 노이트라

펜실베이니아 주 스테이트 칼리지라는 소도시에 살 때였다. 플로리다에서 온 내게 그곳의 여름은 참 짧았다. 가을은 더 짧아서 금세 긴 겨울이 찾아왔다. 2009년에는 10월부터 적설량이 10센티미터에 이를 만큼 많은 눈이 내리기도 했다. 눈이 아무리 많이 온들 아파트만 따듯하다면야 무슨 걱정이겠는가. 그런데 라디에이터가 가끔 말썽이었다. 밤중에 추위에 깨보면 보일러가 꺼져 건물 전체가 얼음장처럼 싸늘해져 있었다. 혹시라도 온기가 남아 있을까 싶어 라디에이터를 어루만지면 달갑지 않은 금속의 냉기가 살 속으로 파고들었다. 그럴 때는 온기가 사무치게 그리웠다. 무엇보다도 온돌이 깔린 뜨끈뜨끈한 바닥이 간절했다. 처음으로 라디에이터와 온돌의 차이를 실감했다.

바닥으로부터 떠 있는 라디에이터는 따뜻한 물을 촘촘한 코일 사이로 흘려보내 방의 온도를 높인다. 이 난방기는 실내에서도 신발을 신고 지내는 서양인에게 적합하다. 바람을 직접 불어 넣는 것이 아니기 때문에 바닥에 쌓인 먼지를 자극하지 않는다. 입식 생활을 하는 삶의 방식에 맞추어 주로 허리 위쪽을 덥히기에 웅크리고 앉아보면 공기가 상당히 차갑게 느껴진다. 온돌은 다르다. 우리는 주로 바닥에서 생활하니, 바닥을 따뜻하게 데워야 한다. 바닥에서 시작된 열기가 천장까지 다다르니 골고루 따뜻하다. 손이 닿는 것조차 꺼려질 정도로 라디에이터 코일이 싸늘해지면 온돌방에 엉덩이를 지지던 때가 사무치게 그리워진다.

살갗으로 직접 전달되는 따사로움에 대한 나의 육감적 그리움을 이해할 만한 건축가가 서양에도 한 사람 있다. 세계적인 건축가 리하르트 노이트라(Richard Neutra, 1892~1970)다. 그가 1930~40년대에 캘리포니아 사막에 설계한 여러 주택은 부분적으로 온돌 방식을 차용했다. 살이 타들어가는 사막 지역에 집을 디자인하면서 노이트라는 왜 온돌을 활용했을까?

심한 일교차 때문이다. 자연과의 교감을 중요하게 생각하는 노이트라는 집을 설계할 때 테라스를 항상 널찍하게 뺐다. 그런데 기온이 떨어지는 밤이 되면 외부의 테라스를 사용하기 어렵다. 그래서 노이트라는 바닥에 배관을 하고 온수가 흐르게 했다. 이 섬세한 배려로 사람들은 밤에도 맨발로 테라스를 걸어 다녔다. 비가 워낙 드문 곳이라 빗물이 테라스를 넘어 거실로 들이칠 일도 없으니, 거실과 테라스 사이에 단차도 거의 필요하지 않았다. 거실부터 테라스까지 그야말로 하나의 매끈한 평면으로 연결되었다. 미끄러지듯이 거실을 벗어나 테라스를 걸을 때도 훈훈한 기운이 발바닥으로 전해졌다. 활동 공간이 넓어짐에 따라 거실 안에서만 이뤄지던 가족 모임이 자연스레 옥외 공간으로도 확장되었다.

빛의 양수

매끈하게 마감된 테라스는 마치 투명한 연못 같아서 그 표면으로 석양

© J. Paul Getty Trust. Used with permission. Julius Shulman Photography Archive, Research Library at the Getty Research Institute (2004.R.10)

빛을 튕겨냈다. 거실의 지붕도 처마처럼 테라스 위로 튀어나와 실내등에서 나오는 빛을 바깥으로 끊임없이 반사했다. 석양과 백열등이 서로 섞여 테라스 상부는 따사로운 빛으로 가득 찼다.

노이트라는 어린아이들이 이 공간에서 맨발로 뛰고, 엉덩이를 붙이고 앉아 노는 것을 좋아했다. 어린아이들이 테라스에서 뛰어놀 때면 아이들의 발바닥과 엉덩이에 닿은 온기가 몸속으로 파고들어가 가슴까지 다다랐다. 그리고 테라스 상부 공간을 메우는 빛이 아이들의 얼굴을 감쌌다. 아이들을 부드럽게 에워싸는 이 충만한 빛은 어찌 보면 모태 속 양수 같다. 빛의 양수 속에 아이들이 부유하는 것이다.

프로이트의 제자인 정신분석학자 오토 랑크(Otto Rank, 1884~1939)는 모태에서 나오는 순간에 경험한 아픔과 어머니로부터 분리되는 충격이 이후 삶에 트라우마로 작용한다고 주장하였다. 노이트라는 랑크의 정신분석학적 해석을 잘 알고 있었다. 그래서 테라스를 양수 같은 빛으로 메운 것일까. 아이들이 부유하듯 뛰노는 따스한 공간, 그곳은 모태 공간의 현현이었다. 아이들의 트라우마를 치료하는 공간이 노이트라의 테라스였다.

모태 공간에서 아이가 태어난다는 것은 양수에서 부유하던 몸이 이제는 바닥을 딛고 서야 한다는 것을 의미한다. 직립은 단순히 곧게 서는 것을 넘어 '대면'으로 확장된다. 무엇이나 누군가를 향한다는 것이다. 양수 안에 있을 때는 앞이나 뒤, 위나 아래에 특별한 의미가 없었다. 하지만 이 세상으로 나오는 순간부터 상하좌우의 구분 속에서 평생을 살아야 한다. 더 중요한 것은 무엇을 앞에 두고, 무엇을 뒤에 둘 것인지 판단해야 한다는 것이다. 즉 누구를 대면하며 살 것인지 판단하며 일생을 보낸다.

 노이트라에게 이 대면은 특별했다. 랑크가 출산 시 태아가 겪는 고통에 주목했다면, 노이트라는 관계를 눈여겨보았다. 어머니와 태아 사이의 생물학적이고 본능적인 관계가 '대면'이라는 사람과 사람 사이의 관계로 전환된 것이다. 태아는 랑크가 이야기하는 트라우마를 겪으면서도 태어날 이유가 있다. 생물학적 기생에서 벗어나 부모, 형제자매, 더 나아가 다른 사람들을 대면하는 관계의 장으로 나아오는 변태變態였던 것이다.

모태 공간과 공감각

메를로퐁티(Maurice Merleau-Ponty, 1908~1961)를 흔히들 '지각의 철학자'라 부른다. 그가 언급한 지각에 관한 여러 논의 중 하나가 감각 사이의 조응에 관한 것이다. 그는 장미가 아니라 장미의 냄새를 그린다고 한 폴 세잔을 옹호했다. 세잔이 정신이 이상한 것이 아니라 감각과 감각 사이의 조응 현상을 이야기하고 있는 것이라는 설명도 곁들였다.

 사실 딱딱한 촉각은 손톱으로 물건의 표면을 긁을 때 생기는 소음과 떼어놓을 수 없다. 목소리에도 굵은 것과 가는 것이 있고, 보라색과 노란색이 있다. 우리가 어떤 색을 보고 다양한 감정을 느끼듯, 장님은 소리를 듣고 여러 심상을 떠올린다. 색과 소리 사이에는 어떤 울림이 있는 것이다. 가장 구체적인 현실 세계는 이런 공감각의 세계이다.

세잔을 옹호할 사람이 또 한 명 있다. 바로 노이트라이다. 노이트라가 메를로퐁티의 철학을 알고 있었는지는 확실하지 않다. 하지만 그 나름대로 지각에 대한 철학을 발전시켰는데, 그 아이디어 중 하나가 공감각에 관한 것이었다. 그리고 이에 걸맞게 노이트라는 시각과 청각, 후각, 촉각 등이 서로 공명하는 건축을 추구했다.

공감각은 모태에서부터 길러진다. 모태에서 6개월 정도가 지나면 감각기관이 역할을 시작한다. 빛과 어둠에 대한 인지가 생기고, 양수의 따뜻함은 촉각을 길러주고, 양수의 파동은 청각을 키우며, 양수의 냄새는 후각을 자극한다. 미각도 이미 싹튼다. 시각, 촉각, 청각, 미각, 후각이 서로 교감하며 공감각을 풍부하게 키워내는 곳이 바로 모태 공간이다. 하지만 태어나면서 모든 것이 바뀐다. 어릴 적이야 공감각적으로 세상을 지각하지만 시각을 제외한 다른 감각은 점차 뒷전으로 밀려난다. 냉담하게 쓱 훑는 카메라처럼 세상을 순식간에 판단한다. 촉각, 청각, 후각, 미각이 다 떨어져 나가고 살아 있는 것은 그저 얄팍한 시각뿐이다. 공감각이 파편화되고 세상의 두께가 사라진다.

이러한 이유로 노이트라에게 시각이 애증의 대상이었다는 점은 무척 흥미롭다. 앞서 이야기한 것처럼 아이가 모태에서 태어나는 것에 대면의 의미가 있다면, 이 대면에서 빠뜨릴 수 없는 것이 시각이다. 하지만 이 시각이 다른 감각들을 소외시켜 결국 세상에 대한 지각의 깊이와 다차원성, 무게감을 상실하게 만든다. 노이트라는 이 인스턴트 시각이 다른 감각과 조응하도록 제자리를 찾아주는 공감각의 공간을 구현하고

자 했다. 그는 어쩌면 '완벽한 대면'을 꿈꿨는지도 모른다. 장미를 보는 순간 동공에 붉은 색깔이 맺히는가 싶더니 향기도 같이 달라붙어 장미의 모든 것을 지각하게 되는 그런 완벽한 대면을 말이다.

장미가 아니라 사람을 본다면 어찌 될까? 표정에 담긴 빛, 소리, 냄새, 맛, 질감이 배어날 때까지 그를 지긋하게 봐야 하지 않을까. 대면은 누군가가 앞에 있다는 것이고, 근본적으로 모여 산다는 것을 전제한다. 다른 이에게 짧은 눈길을 던지는 대신 감각이 반응할 때까지 기다릴 줄 아는 넉넉한 시선으로 대면한다면 정감 있는 모여 살기가 이뤄질 것이다.

바람과 공감각

어떤 사람이 많은 돈을 들여 정원에 값비싼 꽃과 나무를 심었다. 정원이 잘 보이는 방향으로 큰 창도 냈다. 에어컨으로 실내 온도와 습도를 조절할 수 있으니 창은 고정창으로 처리했다. 그는 창 너머로 보이는 꽃들을 좋아했지만, 그 꽃이 얼마나 좋은 향기를 내는지는 몰랐다. 천리향으로 불리는 꽃나무가 깅렬하게 뿜어내는 근사한 향을 실내에서는 알 길이 없다. 보는 것과 냄새를 맡는 것이 별개의 사건이 되어버린 것이다. 그 고정창에 부분적으로라도 개폐창을 만들어 바람이 들어오도록 하고, 일단 들어온 바람은 다시 빠져나갈 수 있도록 뒤쪽에도 창을 냈다면 어찌 되었을까? 그는 꽃을 볼 뿐만 아니라 향기도 맡았을 것이고, 트인 바람길을 따라 들어온 꽃 내음이 실내를 향기롭게 했을 것이다.

65평짜리 아파트 천장에는 에어컨이 여덟 대나 설치되어 있다. 창이 꼭꼭 닫혀 있으니 바람길도 열리지 않는다. 바람은 혼자 오는 것이 아니라, 공감각의 전도사처럼 세상의 냄새와 소리, 분위기를 달고 온다. 그러기에 바람을 잃는 것은 세상을 잃는 것과 같다. 바람이 들지 않는 우리 주거 환경은 안타깝게도 공감각적인 다차원의 세상을 단편화하고 있다.

바라나시의 빛

숨이 다할 때 인도 사람들은 바라나시Varanasi로 온다. 갠지스 강가의 계단을 걷기 시작하는 순간 삶의 목적이 완성된다고 생각해서이다. 그들은 판크코시라는 성지에서 임종한 뒤 갠지스 강에 재가 뿌려지면 삶과 죽음의 카르마에서 일순에 벗어난다고 믿는다. 그런데 이들이 갠지스 강가로 나오는 것은 재로 변한 자신을 흘려보내려는 목적만은 아니었다.

어느 겨울날 아침, 나는 바라나시의 바자르 뒷골목을 배회하고 있었다. 그런데 갑자기 눈길을 확 끄는 것이 있다. 건물이 성곽처럼 서 있어 해를 막는다. 그 건물 아래에 뚫린 커다란 구멍 너머로 넘실거리는 금빛 물결이 보인다. 아침 햇살을 받은 물빛은 더 밝고 찬란하다. 지지리도 겁 많은 내가 홀로 인도 여행을 떠난 이유도 실은 이 물빛을 직접 대면하고 싶어서였다.

빛을 따라 조용히 계단을 내려갔다. 어둠 속에서 빛의 세계로 나아갔다. 아치를 통과하니 눈앞으로 너른 갠지스 강이 펼쳐진다. 인도인에게 가장 성스런 생명의 강이자 영성의 강인 갠지스 강과 처음으로 대면한 것이다. 강은 지극히 평온했다. 깊이를 가늠할 수 없지만 호수처럼 조용히 흘렀다. 아침마다 떠오르는 해가 강가에 나란히 선 망루의 하얀 회칠에 생기를 주는 모습도 아름답지만, 동녘에 위치한 갠지스 강 표면을 황금빛 사리Sari로 변모시키는 순간은 경이로울 정도다. 아침마다 힌두인들은 벽에 뚫린 아치를 통해 사리의 품으로 뛰어든다. 그들은 이 사리의 품을 카시Kashi라고 부른다.

육적인 탐욕으로부터 마음을 벗어던지는 것, 그것이 최고의 평화
그것이 마니카르니카의 성스런 물
앎이 끊임없이 흐르는 진실로 순수한 갠지스 강이여
나의 이름은 바로 카시, 자각의 땅

세상이 마력의 주문처럼 보이는 자에겐
움직이는 형상과 움직이지 않는 형상이 놀이하듯 눈부시게 반짝인다
순수 존재 - 의식 - 환희, 이 자체가 최고의 신
나의 이름은 카시, 자각의 땅

자각의 땅 카시는 빛난다, 카시는 만물을 밝힌다
이를 아는 자는 카시와 하나
……

『Luminous Kashi to Vibrant Varanasi』 중에서

바라나시를 신성한 도시로 만든 것은 물과 태양 그리고 둘의 만남이다. 바라나시는 바루나 강과 아시 강이 갠지스 강으로 합류하는 곳에 있다. 갠지스 강은 동녘 들판을 가르며 흐르기에 빛의 효과를 극대화한다. 그래서 사람들은 바라나시가 시바 신이 사는 곳이라 믿었다. 진리를 좇는 이들의 무지와 위선, 허위를 일순에 날려버리고 진리로 이끈다는 시바 신의 찬란한 광채가 바로 바라나시의 빛이다. 사람들은 윤회를 끊기 위해 이 빛을 좇아 그리도 바라나시에 찾아드는 것이다.

은유의 지각

갠지스 강물 위에 비친 햇빛을 시바 신의 광채로 보는 것은 허상일지도 모른다. 햇빛을 어떻게 신의 광채로 생각할 수 있는가? 태양과 강의 표면이 만나 이루는 널따란 빛의 퍼류을 신화에 연결하는 것은 착각 같기도 하다. 그러나 한편으로는 되묻고 싶다. 이 착각 속에 인간 존재에 대한 어떤 진실이 담겨 있는 게 아닐까? 전지전능한 신이 아닌 인간이 세상을 바라보는 방식은 이런 모습에 가깝지 않을까?

철학자 마르틴 하이데거(Martin Heidegger, 1889~1976)는 햇빛을 시바 신의 광채로 보는 것이 허상이 아니라는 주장에 동의할 것이다. 그에 의하면 일상에서 우리는 어떤 현상을 과학적으로 분석하지 않는다. 어떤 소리를 들을 때는 소리 그 자체만을 듣는 것이 아니다. 굴뚝 안에서 호시탐탐 집 안으로 파고들려는 폭풍 소리를 듣고, 밥 달라고 칭얼대

는 아기 울음소리를 듣는다. 상황이 투영된 의미로 가득 찬 소리를 듣는 것이다. 그렇기에 힌두인들은 바라나시의 햇빛을 '시바 신의 광채'로 본다.

인간이 처한 상황이 지각에 반영된 또 다른 예로 수평선을 들 수 있다. 우리는 바다와 하늘이 만나는 순간에 그려지는 아득한 한 줄기 선을 수평선이라 부른다. 실재하지 않는 수평선은 상상의 산물이긴 하지만 없는 것을 거짓으로 꾸며낸 허구의 산물은 아니다. 인간은 하늘과 땅 사이에 끼인 채로 살아가는 존재다. 이러한 태생적 조건 때문에 수평선을 인식하는 것이다. 이 수평선이 허구의 산물이 아니라고 한다면, 물 위에 비친 햇빛을 시바 신의 광채로 보는 것도 허상이 아니다. 믿음과 물, 햇빛이 어우러져 만들어낸 꾸밈없는 지각의 산물이다.

가톨릭에서도 마찬가지다. 예수가 타보르 산에서 변모했을 때 그는 빛이었다. 육안으로는 보이지 않는 천상의 빛이 바로 예수였다. 이 빛은 하느님이 빛이 있으라 하여 창조되었던 바로 그 영원과 영성의 빛이다. 인간의 딜레마는 이 영적인 빛을 육안으로는 볼 수 없다는 것이다. 몸으로 느낄 수도, 만질 수도 없다.

이 빛을 보고 만지고 느끼게 해주는 대체물이 있다. 바로 햇빛이다. 영성의 빛이 얼마나 찬란하고 따뜻한지 직접 몸으로 느낄 수 있도록 햇빛이 존재한다. 햇빛을 영적인 빛의 은유물로 본 이 중 하나가 중세 시대에 활동한 신부 쉬제(Abbot Suger, 1081~1151)이다. 그는 생드니로 불리는 무겁고 칙칙한 로마네스크 교회를 개조해 밝은 햇빛을 예배당 안으로 들여왔다. 자기도 모르는 사이에 고딕 건축의 물꼬를 튼 것이다. 이

도 모자라 예배당 안을 금이나 보석으로 채웠다. 왕이나 영주가 바치는 재물을 자랑하기 위해서가 아니라 금과 보석이 햇빛을 튕겨내 보이지 않는 빛을 만질 수 있도록 육화肉化하기 때문이다. 그에게 존재의 우열은 명확했다. 빛의 존재를 얼마나 잘 드러내느냐에 따라 그 순서가 결정되었다. 현무암보다는 카라라대리석이, 카라라대리석보다는 황금이 더 우위에 있었던 것이다. 현무암에서 카라라대리석으로, 카라라대리석에서 황금으로, 황금에서 햇빛으로 그리고 햇빛에서 신적인 빛으로. 그는 빛을 향한 열망으로 세상 만물을 바라보았다.

바라나시의 몸살

20루피를 내고 자그마한 나룻배 한 척에 올랐다. 홍조를 띤 아침 강물 위에서 강가를 바라보니 회칠한 성벽과 낯살이 들어 이제는 정감이 가는 콘크리트 벽체가 서 있고 원색 사리를 입은 여인들이 오간다. 이 풍경에 넋을 잃고 있다가 기겁할 뻔했다. 나룻배 옆으로 타다 만 팔뚝이 흘러간다. 이어 더욱 놀랄 만한 장면이 펼쳐진다. 배에서 멀지 않은 곳에서 몸을 씻던 한 남성이 자기 쪽으로 그 팔뚝이 떠내려오자 아무렇지도 않은 듯 손으로 물결을 만들어 팔뚝을 밀어내고는 계속 씻는다.

 다 타지 않고 강물을 떠다니는 팔뚝에는 바라나시가 앓고 있는 몸살이 숨겨져 있다. 시바 신의 광채를 쪼이고자 인도 전역에 있는 힌두교인은 바라나시로 향하는 머나먼 순례길을 떠났다. 그런데 기찻길이

뚫리면서 문제가 발생한다. 바라나시에 기차가 처음 등장한 때는 19세기 초반인데, 20세기 중반에 이르러서는 인도 어디에서든지 하루 이틀이면 이곳에 이를 수 있었다. 그전에는 바라나시까지 오는 길이 워낙 멀고 험해 사람들이 가볼 엄두조차 못 냈는데 이제는 너도나도 몰려온다.

임종을 앞둔 사람뿐 아니라 시신까지 바라나시로 밀려든다. 너무나 많은 시신이 화장을 기다린다. 화장터에서 매일 4톤에 가까운 목재가 사라지니 인근에서 구할 수 있는 목재는 바닥난 지 오래다. 이제는 아그라를 비롯한 주변 도시에서 목재를 이송해 오고, 인도의 산들은 남아 있는 머리털마저도 빼앗기고 더더욱 민둥산으로 변해간다. 나무를 넉넉하게 태워야 시신의 마지막 부분까지 고운 재로 변하는 법인데, 가난한 이들은 땔감을 충분히 살 수 없으니 시신이 타다가 만다. 형체가 또렷이 남아 있지만 잔해는 그대로 갠지스 강에 버려진다. 내가 탄 나룻배 옆을 스치던 팔뚝 하나도 그리 넉넉지 못한 자의 몸에서 떨어져 나왔으리라. 재로 뿌려진 부분은 삶과 죽음의 카르마를 끊는다고 하지만 타다 만 채로 버려진 이 팔뚝은 어찌 되는 것일까.

두 번째 이야기

마음이 보이는 풍경

습기가 그려낸 풍경

요즘처럼 환경문제가 대두하기 이전에 환경이 우리에게 무엇인가를 탐구했던 사람이 있다. 『풍토』를 쓴 철학자 와쓰지 데쓰로이다. 한의였던 아버지에게 어려서부터 여러 약재의 효능을 들어서인지, 그는 풍토가 낳는 다양한 식생의 차이를 이해하고 있었다. 첫 역작인 『풍토』는 독일 유학길에 경험한 바다와 다양한 풍토에 대한 이야기가 그 바탕을 이루고 있다. 그는 남지나해, 인도양, 아라비아 해, 홍해, 지중해를 지나면서 열기와 습기가 결합한 몬순지대, 극한의 열기가 가득한 사막지대, 온화한 목초지대를 경험한다. 보통 다른 풍토를 접하면 독특한 문화 양식이나 생활 습관을 찾으려 하는데 와쓰지는 달랐다. 그는 각 풍토가 비춰내는 인간의 내면세계를 보려 했다.

　와쓰지가 인도양을 건널 때였다. 더워서 미칠 지경인데 선실 창문을 열 수가 없었다. 열면 바람만 들어오는 게 아니라 불청객인 습기까지 밀려들기 때문이다. 습기가 차면 철이 녹슬고, 벽이나 가구가 부식하며, 눅눅한 이부자리에 각종 벌레와 균이 창궐한다. 그래서 바깥바람의 습기를 먼저 제거하고, 다시 차갑게 한 뒤에야 선실 안으로 들여보낸다. 일본의 여름도 습기가 만만치 않으니 어느 정도 이력이 붙었을 와쓰지도 인도양 습기 앞에서는 속수무책이었다.

  와쓰지를 굴복시킨 것은 다름 아닌 몬순이었다. 몬순은 계절을 뜻하는 아라비아어 'mausim'에서 유래했다는 설이 있는데, 계절풍을 이용하여 아라비아 해를 횡단하던 사람들이 만들어낸 듯하다. 아라비아 해 주변에서 살아가는 사람들은 계절풍이 만들어내는 풍토의 차이를 잘 알고 있었을 것이다. 아라비아 해에서 인도 쪽으로 불어오는 몬순은 인도 남서부에 비를 몰아주었고, 반대편에 있는 아라비아는 건조한 사막지대로 만들었다. 습기와 결합한 바람이 어디로 부느냐에 따라 너무도 다른 풍토가 형성되는 것이다. 와쓰지가 항해한 인도양 역시 몬순의 중요한 근원지이다. 여름이면 동남아시아와 중국 북부까지 습기를 머금은 바람을 불어댄다.

  몬순은 열과 습기가 결합하여 더욱 특별하다. 열과 결합한 충분한 물기는 생명을 기르는 축복이다. 덕분에 다양한 생명이 번창한다. 몬순의 축복을 받아 잎으로 뒤덮인 대지는 마치 녹색 카펫 같다. 계절풍은 이처럼 생명력 넘치는 풍토를 만들어내지만 인간에게 괴로움을 주기도 한다. 몬순지대에 사는 사람들은 열뿐 아니라 습기와도 싸워야 한다. 열만 있다면 죽기 살기로 싸워볼 만하겠지만, 여기에 습기까지 더해지면 사람들은 싸움을 포기하고 기도를 시작한다. 죽을 고생을 하더라도 기

어코 유럽 철학을 배워 이를 뛰어넘겠다는 결연한 의지로 고베 항을 떠났던 청년 와쓰지도 인도양의 습기 앞에서는 일단 무릎을 꿇은 것이다.

몬순지대 사람들을 체념적이고 순종적으로 만드는 데는 또 다른 풍토적 원인이 있다. 몬순지대의 자연은 습기가 어떻게 변하느냐에 따라 주기적으로 난폭해진다. 물은 폭우, 폭풍, 홍수로 변해 주체할 수 없는 생명력을 발산한다. 거기다 가뭄과 폭설도 가끔 찾아온다.

이렇게 해서 몸에 밴 체념과 순종이 낳은 세계관은 무엇일까? 와쓰지에 의하면 체념과 순종은 받아들임을 의미한다. 어떤 형태의 자연물이든 힘을 지니고 있거나 특색이 있으면 다 신격화되었다. 특히 인도가 그러한 경향이 강하다. 태양과 달뿐만 아니라 불과 폭풍과 바람과 빗줄기 그리고 하늘과 새벽까지도 신격화했다. 숲과 평원, 동물도 예외는 아니었다. 와쓰지는 인도적 상상력의 극치를 보여주는 불교의 윤회도 받아들이는 마음에서 자라난 것이라 주장한다. 윤회는 인간사를 넘어선다. 까딱 잘못해 개미라도 밟으면 한때 인간이었던 형제를 죽이는 꼴이 된다. 즉 모든 만물이 차별 없이 이어진다. 존재의 덧없음과 인간을 넘어서는 형제애를 가르쳐주니, 자연스럽게 '일자一者'라 불리는 개념이 등장한다. 같은 공간 안에 있는 만물뿐 아니라 다른 시대를 살았던 만물이 하나로 엮인다. 종이나 속과 같은 구분이 존재하지 않는 세계상이다. 다만 일자가 있을 뿐이다. 종이나 속이 지성으로 분별해내는 의지의 질서라면, 일자는 체념과 순종의 양식이 낳은 궁극적 통합이다.

불과 물 그리고 마음

우파니샤드의 대표적 현자인 우달라카의 창조론을 들어보면 지극히 풍토적이라는 생각이 든다. 그에 의하면 먼저 일자가 있었다고 한다. 이 일자가 불로 변한다. 뜨거우면 땀이 나듯이 이어서 물이 나타난다. 그리고 마지막으로 물에서 흙이 나온다. 이 불과 물과 흙은 우리가 흔히 아는 불과 물과 흙은 아니다. 눈에 보이는 것이라기보다 어떤 기운 같은 것을 의미한다. 우달라카의 비유처럼 소금물에서 소금이 보이지 않는다고 해서 소금이 없는 것은 아니다. 그러하듯 불과 물과 흙도 우리 눈에는 보이지 않지만, 세상 만물의 특성을 결정짓는 근본 인자인 것이다. 우리가 아는 (눈에 보이는) 불, 물, 흙은 이 일자로부터 나온 (눈에 보이지 않는) 불, 물, 흙이 서로 다른 비례로 섞인 것이다.

우달라카의 철학이 몬순의 풍토에서 자라난 세계관이라는 사실은 무척 흥미롭다. 일자가 불과 물의 기운으로 분화하는 과정은 몬순의 풍토가 탄생하는 순간이 아니고 무엇인가. 불은 미지근하기도 하고, 뜨겁기도 하고, 활활 타버리기도 한다. 물은 흐르기도 하고, 마르기도 하고, 촉촉하기도 하고, 아예 꽁꽁 얼기도 하다 이 불과 물이 서로 짝을 이뤄 기세를 부리며 사람을 웃고 울리는 것이 몬순의 드라마다. 불과 물이 적절한 비례를 찾아 공존하면 온화한 풍경이 등장하고, 적절한 비례를 찾지 못하면 풍경도 까다로워져 천재지변을 불러오기도 한다.

이 일자는 참자아이기에, 일자로부터 나오는 불과 물은 외부의 현상일 뿐 아니라 우리 내면의 현상이기도 하다. 불과 물이 어떻게 섞였

느냐에 따라 우리의 성격이 달라진다. 불처럼 타오르는 정열을 물이 촉촉이 적셔 순화하거나 때로는 확 식히기도 한다. 불과 물을 떠받치는 대지는 요동하지 않는 안정감이 있다. 누구는 불과 물이 조화를 이루지 못해 타는 정열과 헤어날 길 없는 무기력 사이에서 널뛰기를 하는가 하면, 어떤 이는 대지처럼 미동하지 않는 한결같은 안정감은 있으나 영 밋밋하고 재미가 없다. 이 둘 사이에 가능한 수만 가지 조합이 바로 수만 가지 인간의 모습이다. 대지 위에서 이뤄지는 불과 물의 적절한 조화란 어찌 보면 인격의 핵심이다.

티마이오스와 대칭

고대 서구에서도 유사한 점이 발견된다. 플라톤은 저작 『티마이오스 Timaios』에서 우주를 창조한 데미우르고스가 한 일은 세상의 질서와 균형을 잡은 것이라 적었다. 혼탁한 암흑세계에서 불과 물, 뜨거움과 차가움이 균형을 이루게 한 것이다. 이 균형을 플라톤은 대칭symmetry이라고 불렀다. 몸과 영혼을 이해하는 방식에도 이런 대칭 감각이 나타난다. 건강이란 차가움, 뜨거움, 메마름, 촉촉함이 적절하게 조화를 이루고 있는 상태이다. 인간의 영혼은 여러 힘이 교류하는 장이다. 이 서로 다른 힘이 어떻게 섞이느냐에 따라 이성, 기개, 욕망이 어우러져 다양한 인간상이 등장한다.

건축 분야에서 제일 먼저 대칭을 논한 사람은 고대 로마 건축가인 비트루비우스다. 비트루비우스는 대칭을 부분과 부분 사이의 관계 그리고 부분과 전체 사이의 관계로 정의한다. 이는 고대 그리스 조각가 폴리클레이토스의 저서 『카논 Canon』에 나오는 대칭의 정의에 영향을 받은 것으로, 현대를 살아가는 우리가 이해하는 방식인 좌우대칭의 기계적 동일성과는 많이 다르다. 서로 동떨어진 것의 관계를 수학적인 비율로 파악하고, 유추하는 것이 고대의 개념이다.

플라톤이 『티마이오스』에서 설명하는 대칭은 비투르비우스의 관점과는 다르다. 눈에는 보이지 않지만 느낄 수 있는 힘과 성질 사이의 균형 관계를 이야기한다. 몸이 아프거나 영혼이 병든 것은 이런 힘과 성질 사이에 불균형이 발생할 때다. 이런 견지에서 보면 플라톤의 대칭은 비트루비우스가 주목하지는 않았지만 그리스에 엄연히 존재하고 있던 또 다른 비례의 관점을 우리에게 알려준다. 알크마이온이나 히포크라테스 그리고 플라톤 사후에 등장한 스토아학파 철학자 크리시포스가 주장한 대로 세상은 불, 물, 흙, 공기 때로는 에테르 같은 기본 원소와 뜨거움, 차가움, 메마름, 촉촉함이라는 기본 성질로 구성되어 있어서 이들이 어떻게 만나고 섞이느냐에 따라 몸이 건강하거나 병들기도 하고, 덕이 넘치거나 부덕함이 판치기도 한다. 비트루비우스가 일러준 시각적 비례가 육체의 미를 추구한다면, 플라톤이 이야기하는 힘 또는 성질 사이의 비례는 균형 잡힌 인격과 건강을 추구한다.

풍토적 몸

레오나르도 다빈치의 드로잉 〈Vitruvian Man〉처럼 우리 몸에는 원과 사각형이 숨어 있을까? 몸을 기하학적 형태의 조합이나 비례로 이해하는 관점이 반영된 사례가 〈Vitruvian Man〉이다. 이 드로잉은 로마 시대에 활동한 건축가 비트루비우스가 쓴 책에 나오는 이야기를 바탕으로 그려졌다. 팔을 벌려 선 뒤, 손끝, 머리끝, 발끝을 이으면 정사각형이 나온다는 것이다. 다리를 살짝 벌리고 팔을 위로 들어 올린 뒤 끝점들을 이으면 이번에는 원이 나온다. 레오나르도 다빈치의 드로잉에는 사각형 모서리와 원이 정확히 일치하지 않아 두 도형 사이에 충돌이 일어난다. 후일 사람들은 팔을 더 벌려 원과 사각형이 정확히 일치하도록 수정해나간다. 사람의 몸이 이렇게 원과 사각형 안에 맞아 떨어진다는 것은 무엇을 의미하는 걸까?

세계를 구성하는 가장 근원적인 형태인 사각형과 원이 서로 맞아 떨어지니, 이보다 더 완벽한 조화는 없다. 그리고 신비롭게도 인간의 몸마저 그 안에 꼭 들어맞는 것이다. 모든 것이 기하학적으로 깔끔하게 정돈된다. 손가락과 발가락이 두 도형과 닿는 곳은 우주의 원리가 인간의 몸 안으로 파고드는 접점이라고 볼 수도 있다.

그런데 왠지 비트루비우스가 설명하는 몸은 현실 세계에서 살아 숨 쉬는 몸이 아닌 기하학적 도형 안에 갇힌 평면적 몸이라는 느낌이 든다. 살아 숨 쉬는 몸은 어떻게 다를까? 살아 있는 몸이 무엇인가를 가장 잘 표현한 이는 미켈란젤로라 생각한다. 그의 드로잉은 〈Vitruvian

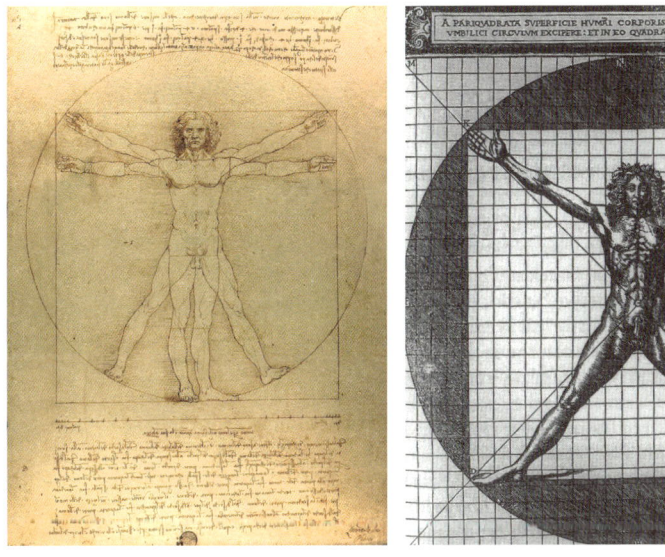

Man〉과는 확실히 다르다. 미켈란젤로가 그린 몸을 보면 얼굴과 가슴이 서로 다른 방향을 향하려는 듯 뒤틀려 있다.

 사실 우리의 삶이 이렇다. 오늘 저녁도 야근을 해야 한다는 이성적 판단에 머리는 컴퓨터 모니터를 향하고 있지만 애인을 만나고 싶은 간절한 마음에 가슴은 문을 향하고 있으니, 몸이 비비 꼬여 마치 뱀이 똬리를 튼 듯한 형상이 나타난다. 상반된 힘이 서로 갈등을 일으켜 뒤틀린 자세로 표현되는 것이 바로 살아 있는 몸이다. 인간에게 갈등은 피할 수 없는 운명이다. 어느 철학자는 성숙한 인간일수록 세상사가 양립할 수 없는 모순적인 요소로 가득 차 있다는 것을 인식하고, 미성숙한 인간일수록 세상사를 말끔하게 정리된 것으로 본다고 했다. 이 말이 사실이라면 레오나르도 다빈치의 드로잉에 나타난 인간은 미성숙한 존재일까. 뒤틀린 자세를 취하고 있는 사람에게서 왠지 인간의 고뇌를 이해하는 진지함이 더 엿보이는 것은 우연일까.

 레오나르도 다빈치의 몸에는 기하학적 비례를 추구하는 사고가 엿보이고, 미켈란젤로의 몸에는 이러한 비례가 보이지 않는 것 같지만 사실은 다르다. 뒤틀린 몸은 상반된 힘 사이의 균형을 표현한다. 미끄러질 듯 말 듯, 돌아설 듯 말 듯, 볼 듯 말 듯한 역동의 에너지가 응집되어 있는 순간의 고정성이다. 이는 시각적 비례와는 질적으로 구별되는 다른 비례감이다. 이 비례는 역동적이다. 상반되는 힘 사이에 균형이 무너질 때 우리는 어떤 행동에 돌입하는데 이러한 행동은 더 큰 균형을 추구하기 위한 몸짓이다.

 레오나르도 다빈치의 〈Vitruvian Man〉은 궁극적으로 수학자 피타

고라스의 세계관을 반영한다. 초월론자인 피타고라스는 현상계 이면에 존재하는 수학적, 기하학적 원리에 관심이 많았다. 아름다운 멜로디 이면에 존재하는 수학적 비례를 밝히는 일을 한 것도 그러한 이유 때문이다. 별이 움직이는 모양새나 네 개의 코너를 가진 지구를 보면 알 수 있듯이 원과 사각형은 만물의 이면에 자리 잡은 기하학적 형상이었다. 하지만 피타고라스에게 이런 면만 있었던 것은 아니다. 아리스토텔레스가 쓴 『형이상학*Metaphysics*』에 따르면 피타고라스는 상반된 것 사이의 조응을 세계를 구성하는 기본 동력으로 보았다. 예를 들면 왼쪽과 오른쪽, 정과 동, 빛과 어두움 같은 식으로 말이다.

피타고라스의 세계관은 조형 분야에도 영향을 미쳤다. 폴리클레이토스의 조각 작품 〈창을 맨 사람〉이 좋은 예다. 이 작품에는 두 가지 대칭이 나타나 있다. 하나는 손 마디와 손가락, 손가락과 뼘, 뼘과 팔의 길이, 팔의 길이와 키 등 부분과 부분 그리고 부분과 전체 사이의 수학적 비례이다. 이는 자신의 저서 『카논』에서 대칭을 부분과 부분, 부분과 전체의 관계로 정의한 바를 충실하게 따른 것이다. 또 하나의 대칭은 바로 정과 동의 균형이다. 〈창을 맨 사람〉은 오른발에 모든 무게를 싣고, 왼발은 자유롭게 허공에 살짝 떠 있어 앞으로 움직일 것만 같은 고차원의 균형을 형상화하고 있다.

얘기가 길어졌지만 미켈란젤로의 뒤틀린 몸도 결국 피타고라스의 영향을 받은 것으로 볼 수 있다. 피타고라스가 두 개의 몸을 낳은 것이다. 하나는 레오나르도 다빈치의 〈Vitruvian Man〉이고, 또 하나는 미켈란젤로의 뒤틀린 몸이다. 하나는 납작하게 평면에 기대어 선 채로 원과

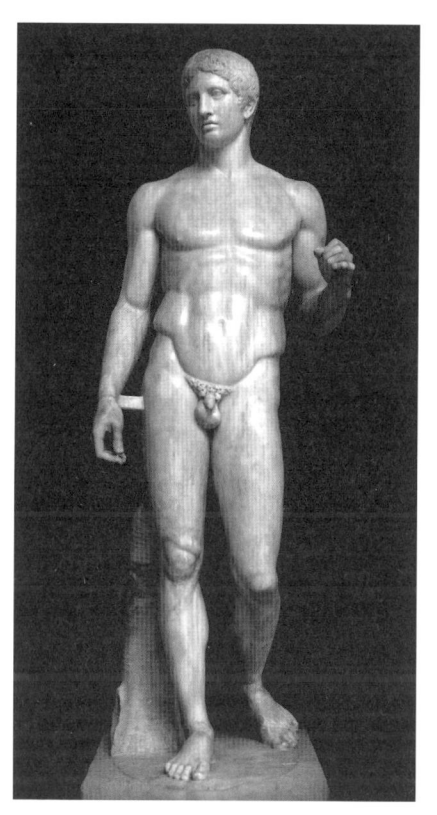

사각형 안에 갇힌 몸이고, 다른 하나는 이런저런 힘이 갈등을 일으키는 역동이 양감으로 드러나는 몸이다.

다빈치보다는 미켈란젤로가 몸을 풍토적으로 이해했다고 생각한다. 기운의 관계가 곧 풍토이기 때문이다. 물, 불, 흙, 바람과 같은 기운 사이의 관계를 따져보고, 균형이 깨졌다면 창조적 개입을 통해 균형을 회복할 방법을 고민하는 것이 풍토적 사고이다. 다른 기운들을 인정하고 그 기운 사이에 균형을 잡아나가는 것, 이 역시 관계의 철학이다.

에로티시즘의 풍경

개울에서 허리 숙여 고동을 잡다가 문득 고개를 들어보니 신비로운 풍경이 동공을 메운다. 산자락이 서로 겹치며 색깔이 엷어지는 풍경이다. 흔히 볼 수 있는 풍경이지만 오늘따라 색다르게 다가온다. 우리 산야에서 김제 만경평야를 빼놓고는 지평선을 시원스레 볼 수 있는 곳이 거의 없다. 어디를 보아도 산자락이 여기저기 겹친다. 가까운 자락은 녹색을 띠지만 뒤로 갈수록 색깔이 흐려져 맨 뒤에 있는 산자락은 마치 파란 하늘과 섞이는 것 같다. 층이 겹치며 색깔이 엷어지다 어느새 녹색이 파랗게 변하는 모습이 우리 풍광이다. 안도 히로시게의 목판화 〈소나기〉에도 비슷한 겹침 현상이 나타난다. 갈대밭 앞쪽은 선명한 갈색이지만 뒤로 가면서 색이 엷어져 마지막엔 희뿌연 하늘과 겹친다. 습기를 머금은 공기가 대기를 채우는 몬순지대에서 볼 수 있는 독특한 풍경이다.

가을은 이야기가 조금 다르다. 다른 계절에 비해 대기 중 습기가 적어 파장이 짧은 가시광선 일부만 산란되면서 하늘이 유독 파랗게 보인다. 가을이 되면 산과 하늘의 구분이 제법 명확해지면서 하늘이 무한처럼 눈에 확 들어온다. 겨울도 그렇다. 대기를 메우던 습기가 한바눈으로 변해 온 땅에 펑펑 쏟아지면 희끄무레한 막이 걷힌 것처럼 하늘이 그렇게 투명하고 새파랄 수가 없다. 멀리 보이던 산도 손에 잡힐 듯 가까이 다가와 있다.

이런 가을과 겨울을 빼고 나면, 봄과 여름에는 몬순지대의 특징대로 앞은 파랗고 뒤로 갈수록 희뿌연 풍경이 항상 우리를 둘러싼다.

이 풍경을 뭐라고 부를까? '미묘한 차이'의 풍경이라고 부르면 어떨까? 탁 트인 투명한 허공이 아니라 색조가 미묘하게 다른 면들이 끊임없이 나타나 그 허공을 채우기 때문이다. 이런 풍경 속에서 프랑스의 질 들뢰즈처럼 '차이'를 이야기하는 철학자가 태어나지 않았다는 게 신기하다.

다시 이 풍경을 에로티시즘의 풍경이라고 부르면 어떨까? 문득 그리스 델포이 성소에서 바라보았던 지극히 투명한 대기가 떠오른다. 삼라만상이 자신의 명확한 형태를 드러내며, 멀리 있는 것도 손에 잡힐 듯 바투 다가왔던 풍경 말이다. 그 이국의 풍경과 이 땅의 풍경은 서로 완벽한 대척점에 서 있다. 그리스의 투명한 대기가 모든 것을 거침없이 드러내 보여주는 포르노그래픽한 풍경이라면, 우리의 풍경은 다 보여주지 않으면서 이면에 대한 상상력과 무한대의 깊이감을 자극하는 에로티시즘의 풍경이 아닐까?

이런 에로티시즘의 풍경은 우리 마음을 반영한다. 좋게 말하면 미묘한 차이와 층을 구분해낼 수 있는 섬세함과 속마음을 다 보여주지 않고 애간장을 태우는 은근함이 발달한 것이고, 나쁘게 말하면 열 길 물속은 알아도 한 길 사람 속은 모른다고, 마음에 겹겹이 숨어 있는 생각과 감정을 자신도 확실히 모르는 것이다.

체념과 변화 사이의 백의민족

우리 민족을 두고 한 번도 다른 나라를 침범해본 적 없는 평화를 사랑하는 민족이라고 한다. 이것은 몬순적 체념을 의미하는 것일까. 하지만 우리에게는 아시아 정치사에서는 보기 드물게 저항을 통해 민주주의를 쟁취한 역사가 있다. 우리의 성정은 몬순적 순종과 변화를 갈망하는 저항이 조합된 것이다. 겨울에 불어닥치는 차가운 계절풍을 이겨내는 힘이 유전자에 이미 각인되어 있는 것은 아닐까? 계절마다 새로워지는 풍경 또한 이러한 성정에 영향을 끼쳤을 것이다. 우리만큼 변화무쌍한 풍경을 지닌 곳은 많지 않다. 한 해가 사계절로 나뉘고 각 계절은 다시 여섯 절기로 나뉘어, 스물네 개의 변곡점이 존재하는 우리에게 풍경이란 고정된 것이 아니다.

이런 풍경에서 자란 우리는 몬순적 순종 속에서도 새로운 변화를 갈망하고 인내한다. 그리고 끝내 변화가 없으면 행동에 나선다. 피를 흘리며 민주화에 기여한 사람들은 그렇게 강인했다. 일제의 압제에도 우리는 그토록 강인했다.

눈 덮인 대나무 1

내 고향은 땅끝마을에서 멀지 않은 장흥이다. 죽림의 고장 담양에 견줄 수는 없어도, 남쪽인지라 어디를 가도 대나무가 많았다. 함박눈이 쏟아지는 겨울날이면 아이들과 떼를 지어 눈 덮인 대나무 숲을 새총을 들고 쏘다녔다. 수백으로 무리를 지어 숲을 헤집고 몰려다니는 참새 떼가 표적이었다. 수십 마리는 너끈히 잡아 털을 벗긴 뒤 볏짚에 불을 피워 구위 먹겠다고 신이 나서 돌 쪼가리를 쏘아댔다. 하지만 아무리 애를 써도 볏짚에 불 피울 일 같은 건 일어나지 않았다. 아쉽게도 매번 전과가 좋지 않았던 것이다.

당시에는 어린 마음에 날래게 돌을 피해 날아다니는 참새가 꽤나 얄미웠더랬다. 그러나 훗날 남송 시대의 승려 화가인 무씨가 그린 참새 한 마리를 보고는 생각이 바뀌었다. 철없던 그 시절 내던진 돌멩이에 참새가 다치지 않은 것을 다행이라 여기게 되었다. 그의 그림 속 갈대 위에 올라앉은 참새 한 마리가 아주 의젓해 보였기 때문이다. 돌아보면 고향 땅의 참새도 꽤나 기품이 있었다. 눈이 덮여 동그랗게 구부러진 가냘픈 대나무 가지 위에 균형을 잡고 선 것이 날 듯 말 듯 묘한 자세였다. 참새 뒤로는 눈 내린 뒤 한층 맑아진 하늘이 무씨 화폭에 담긴 넉넉한 여백처럼 한껏 눈에 들어오곤 했다.

눈 덮인 대나무, 어릴 적 대수롭지 않게 보아왔던 이 풍경이 이국 생활을 하면서 달리 보이기 시작했다. 플로리다 탬파에 살 때 정원에 예전 집주인이 심어놓은 아레카야자 한 그루가 있었다. 이 야자수는 줄기가 군집을 이루며 자란다. 아래쪽에 정신없이 난 잔가지를 다듬어주었더니, 멋들어진 굵은 가지가 드러나기 시작한다. 이 굵은 가지의 마디를 손으로 감싸 쥔 채 위아래로 미끄럼 타듯 움직이다보니 떠오르는 게 있다. 손에 느껴지는 시원한 감촉과 도드라진 마디가 영락없이 어릴 적 고향 땅에서 보고 만지던 대나무다. 아래쪽 줄기를 감싸는 마른 보호막은 연을 만드느라 서툴게 다뤄봤던 신우대 줄기를 감싸던 갈색 보호막과 유사하다. 마치 고향에서 보았던 매끈한 몸매의 대나무 군락이

앞뜰에서 자라고 있는 것 같아 기분이 좋아졌다. 실상 지금도 대나무와 아레카야자의 정확한 학명이나 종명이 무엇인지, 또 둘 사이에 무슨 생물학적 연관 관계가 있는지 잘 모른다. 하지만 아레카야자가 마치 대나무를 다발로 모아놓은 것처럼 생겼다는 사실만은 틀림없다.

모양은 유사하지만, 이 둘이 만들어내는 풍경에는 차이가 있다. 내 기억 속에 남아 있는 고향의 대나무는 겨울이면 늘 눈 덮인 모습이었다. 대나무는 세계 곳곳에서 자란다. 열대, 아열대, 온대 지역에서 대나무를 볼 수 있는데, 열대 또는 아열대에서 살던 대나무가 살 수 있을 만한 곳까지 뻗어나가다 온대 지역에까지 이른 게 아닌가 싶다. 그런데 일부 온대 지역에는 겨울에 눈이 내리다보니, 열대에서 기원한 나무와 한대에서 기원한 눈이 만나는 진기한 현상이 벌어진다. 내 고향이 꼭 그랬다.

아레카야자와 대나무 사이에 아무리 유사성이 있다 하더라도 아레카야자에 눈이 덮이는 모습은 상상하기 어렵다. 내가 살던 탬파는 아열대 지역으로 일단 눈이 오지 않기 때문이다. 그런데 탬파에 눈이 한 번도 오지 않았던 것은 아니다. 1977년에 0.5센티미터의 눈이 쌓인 적이 있는데, 워낙 희귀한 일이라 이 적은 눈으로도 도시 전체가 마비되었다고 한다. 그때도 저 야자수가 있었다면 눈이 조금이나마 내려앉았을까? 이는 어쨌든 일생에 한 번 있을까 말까 한 이상 현상일 뿐, 고향에서 보던 겨울 풍경과는 차이가 있다.

눈 덮인 대나무는 열대와 한대의 만남이다. 한반도 남부 지방의 뜨거운 열기와 시베리아에서 몰아치는 북풍한설의 조우다. 뜨거운 열정과 냉철함의 교묘한 조화이다. 그래서 '눈 덮인 대나무'는 우리 마음의 은유이고 그림자다. 겉으로는 뜨겁지만 속으로는 냉철한 사람이 바로 이런 풍경처럼 세상을 산다. 또 겉으로는 조용하고 차분한데, 알고 보니 속으로는 모락모락 열정이 넘치는 사람도 그러하다. 나에게도 '눈 덮인 대나무'의 풍경 같은 모습이 있다. 평소에 잠잠한 나도 야구팀 기아를 응원하러 가면 바뀐다. 탁구를 쳐도 조용히 못 친다. 탬파에서 학생들과 탁구를 칠 때마다 나도 모르게 하도 소리를 질러대는 바람에 학생들이 놀라 나가떨어지곤 했다. 겉은 조용해 보이는데 속으로는 정열이 넘치는 나. 그들은 내가 눈 덮인 대나무가 자라는 나라에서 온 것을 알지 못한다. 모순적 기상이 내 안에 흐르는 것을 그들의 풍경으로는 알 길이 없다.

눈 덮인 대나무 2

『풍토』를 읽는데 눈에 들어오는 한 문구가 있었다. 'The picture of the bamboo covered in snow'였나. '눈 덮인 대나무 그림' 정도로 번역할 수 있는 문구다. 이 문구는 어린 시절의 기억을 떠올리게도 했지만 특히 이 풍경이 상반된 기질의 합이라는 와쓰지의 주장이 나를 매료했다.

지구온난화의 결과가 어떤 것인지는 정확히 모르겠다. 사람 살기 어려운 뜨거운 기후로 변해가는 것 같기도 하고, 추운 때는 더 춥고 더운 때는 더 더운 극단의 기후로 널뛰기를 하는 것 같기도 하다. 어느 경우이든 한반도의 전형적 풍경인 '눈 덮인 대나무'에 변화를 가져올 것이다. 한반도가 아열대 기후로 변해가고 있다면, 언젠가는 눈도 사라질 것이다. 눈을 지탱하느라 가냘프지만 강단 있는 몸으로 우아하게 늘어지던 대나무가 비계가 낀 굵기로 하늘 높은 줄 모르고 수직으로 쑥쑥 자랄지도 모른다. 거꾸로 날씨가 더 추워져 눈이 넘쳐나면, 뒷산의 대숲이 눈 속에 파묻히는 광경이 눈앞에 펼쳐질 것이다.

이런 풍경의 변화는 단순히 외부 환경의 변화에 그치지 않고 우리 마음에도 변화를 불러올 것이다. 아열대 풍경이 주는 마음으로 살아보는 것도 재미있을 법하다. 그러나 무작정 좋아할 일만은 아니다. 요동치는 기후가 어떤 변덕을 부릴지 예측할 수 없기 때문이다. 눈 덮인 대나무의 균형 잡힌 풍경 대신 아열대의 기를 받아 더 난폭해진 빗줄기와 바람으로 가지가 찢긴 처참한 대나무 숲이 우리 앞에 다가올지도 모른다. 아프리카 어느 동네에 세기의 눈이 왔듯이, 아열대의 후덥지근한 나날 중 예측할 수 없는 한파가 몰아치고 폭설이 쏟아지는 기이한 날을 마주할 수도 있다. 그런 날에는 하늘 높이 곧추 자라기만 하던 대나무가 적응하지 못하고, 뚱뚱하지만 체력은 약한 아이처럼 힘없이 가지가 팍팍 꺾이는 몰골을 목도하게 되리라.

우리 주변 풍경이 이렇게 병들어갈 때 이런 풍경에 비친 우리의 마음은 어떤 모습일까? 그것은 아마도 처참하게 찢긴 마음, 갈피를 잡을 수 없는 마음, 흉흉한 마음, 어디로 튈지 모르는 마음 들이 아닐까. 사람들이 이런 마음으로 살아가면 세상은 어찌될까? 기후와 심리 사이의 문제를 다루는 학자가 아니라도 그리 어렵지 않게 답을 예측해볼 수 있다. '눈 덮인 대나무'를 이야기하는 것은 어느 겨울날 대숲이 만들어내는 별것 없는 풍경을 다루는 것 같지만 실은 인간 존재의 내면을 들여다보는 일이기도 하다.

사막의 마음 1

인도양을 건너 유럽으로 항해할 때, 아라비아 해와 홍해가 만나는 지점에서 분화구 위에 세워진 도시 아덴을 거친다. 먼 옛날 솟구쳤다던 시뻘건 용암은 사라지고 없지만, 열기는 수천 년 뒤에도 여전히 살아남아 위력을 발휘하고 있다. 와쓰지가 도착한 5월에도 38도를 넘는 고온이 매일 지속되었다. 그곳에는 모든 것이 타들어가는 사막이 있다. 와쓰지는 훗날 『풍토』에서 아덴 근방에 머물렀던 경험을 바탕으로 사막의 마음을 유추한다. 그의 이야기를 내 나름대로 풀어보면 대략 이렇다.

아라비아 사막에서는 인간이 존재한다는 사실부터가 어색하고 위태롭다. 마그마 바다 위에 운 좋게 뗏목 같은 발판을 딛고 섰어도 발바닥이 타들어가기 전에 다른 발판으로 옮겨 타야 한다. 사막 유랑자가 겪는 고단함은 이런 극한의 풍경이 빚어낸 당연한 결과이다. 몬순지대에서처럼 수동적으로 자연의 축복을 기다리고만 있을 수 없다. 물이 솟아나고 풀이 자라는 곳을 찾아다닌다. 물건을 팔러 사람들이 모인 곳으로 옮겨 다닌다. 아라비아 사막의 상인들이 중국과 한국을 지나 일본까지 간 것도 사막을 지나 내친김에 세상 끝까지 가보자는 마음에서 비롯되지 않았을까.

사막에 살다보니 물을 차지한 사람들과 목숨을 걸고 싸운다. 사막의 삶은 이중의 싸움이다. 물을 주지 않는 자연과의 싸움이자 오아시스를 차지한 사람들과의 싸움이다. 한 공동체는 같은 조상을 둔 혈연집단이면서 샘물이 솟아나는 오아시스를 보호하기 위한 정치결사이기도 하다.

와쓰지는 이런 각도에서 사막의 신을 이해했다. 생명이 없는 사막에서 자연과 싸워야 했기에 그들은 자연물을 신격화하지 않았다. 그리스 신화에서 보이듯, 창공에서 내리는 비나 목을 달래주는 달콤한 샘물 등 은혜로운 자연을 신격화하는 것은 상상할 수도 없다. 사막지대의 신은 모진 자연과 싸워 살아남고자 하는 인간의 바람이 반영된 모습이다. 자연은 이 신에게 굴복해야 했다. 또 오아시스를 확보하거나 지키기 위해 다른 부족과 투쟁할 때 함께 싸워주는 신이어야 했다.

그래선지 아라비아 사막에서 살아가던 많은 부족의 신은 다 인간적이다. 여호와를 생각해보면 그렇다. 그는 부족들과 함께 먹고 마시며 부족의 편에 서서 싸우는 전사였다. 애굽에서 신음하던 자신의 백성을 보호하기 위해 파라오에게 경고의 메시지를 수차례나 보내고, 징벌을 내렸다. 유대인들이 애굽에서 빠져나올 때는 전차를 타고 추격해온 파라오의 대군을 홍해에 수장한 전능의 전사였다. 여호와는 부족을 위해 혼신의 힘을 다해 싸우고, 승리한 후에는 전리품을 받았다. 그들을 해하려는 적에게는 삼대까지 저주를 내리고, 그의 규율을 따르는 자에게는 낙원에서 대대손손 건강하고 편만히 살게 될 것이라 약속했다. 여호와는 있는 듯 없는 듯 은근한 신이 아니라 자신의 존재를 명확히 알리는 신이었다. 부족이 양의 피로 제사를 드리는 것은 자기들을 위해 싸워주는 여호와와의 혈연 동맹을 재확인하는 의식이었다. 신과 맺은 피의 동맹을 통해 사막의 부족은 척박한 삶의 조건을 헤쳐 나간 것이다.

사막의 마음은 깔깔한 모래바람에 맞서 목숨을 걸고 공동체를 지키는 강인함 그 자체이다. 부인과 형제자매의 생명을 보호하고, 다른 공동체와 싸워 이기기 위해 공동체 의식으로 똘똘 뭉친다. 내부적으로는 순종하고, 외부적으로는 맞서 싸우는 이 독특한 이중성의 결합이 바로 사막의 마음이라고 와쓰지는 말한다. 사막이 낳은 종교인 기독교나 이슬람교는 절대 순종과 생명을 건 포교를 통해 그 가르침을 전파해왔다. 이러한 종교의 바탕에는 와쓰지가 언급한 사막의 마음이 자리하고 있는 것은 아닐까.

사막의 마음 2

사제지간인 유명한 두 건축가가 있다. 두 사람 모두 사막에 집을 많이 지었다. 그런데 스승이 이렇게 말한다. "건축은 대지에서 자라나는 예술이야. 대지는 건축에 필요한 모든 것을 공급해주지. 건축에 쓰일 돌과 모래, 흙을 주잖아. 지붕 모양도 조각한답시고 괜히 재주 부릴 필요가 없어. 수천 년 동안 바람이 깎아놓은 저 산자락을 흉내 내는 것이 바로 자연의 지혜를 따르는 거야. 건물의 색조도 주변을 따르면 돼. 맞아, 건축은 대지에서 사나나는 나무 같은 거야. 대지가 모든 것을 준다고."

　제자가 말한다. "선생님, 그게 무슨 동화 같은 이야기입니까? 저를 무슨 다섯 살짜리 어린아이로 취급하시는 겁니까? 건물이 땅에서 자라나다니요? 이 황량한 사막은 나무는커녕 개미 한 마리도 생명을 부지하기 힘든 곳입니다. 울퉁불퉁하고 흐물흐물한 모래땅이라 반듯이 서 있기도 힘듭니다. 이 대지를 보고 있으면 저는 사람이 안정감 있게 서거나 엉덩이를 붙일 수 있는 반반한 평상을 만들고 그늘을 씌워주는 것이 창조의 첫 작업이라는 생각이 듭니다. 땅이 견고하지 않으니 기둥을 깊이 박아야 하고, 머나먼 곳에서 자재도 가져와야 하니 이런 곳에는 집을 짓는 것 자체가 투쟁입니다."

스승은 세계적인 건축가 프랭크 로이드 라이트(Frank Lloyd Wright, 1867~1959)고, 제자 역시 근대 건축사에서 중요한 건축가로 손꼽히는 리하르트 노이트라다. 둘 중 누구 말이 맞을까? 나는 제자인 노이트라가 하는 말에 더 공감이 간다. 그가 설계한 집들이 서 있는 캘리포니아 팜스프링스라는 동네를 차로 달려보면 생명은 발도 붙이기 힘든 곳이라는 생각이 절로 든다. 뒤로는 흙, 모래, 돌이 뒤범벅된 거대한 산들이 버티고 있고, 앞으로는 모래바람과 햇빛이 대기를 메운다.

노이트라의 말처럼 사막이란 생명이 거할 수 없는 땅이다. 한자어로 보면 사막沙漠은 '모래'와 '막막함'이라는 글자의 조합이다. 실제로 막막함이라는 한자어에는 생명이 사라져 텅 비어 있다는 의미가 깔려 있다. 우리의 관점에서 대지는 생명으로 가득 차 있다. 위로 아래로 생명을 잉태하고 있다. 그런데 중국인이 본 고비 사막은 달랐다. 그곳의 대지는 죽어 있다. 생기 없는 황량한 언덕이 여기저기 눈에 들어온다. 이리저리 겹치는 능선은 할머니의 주름살 같다. 메마른 갈비뼈 같은 바윗덩어리가 사막 위를 나뒹군다. 대지에 남은 한 줄기 선은 말라붙은 강바닥이다. 어디를 둘러봐도 개미 한 마리 볼 수 없다.

사막에서 우리는 인간의 삶을 본다. 사막의 막막함이란 실은 마음의 막막함을 가리키기 때문이다. 그것은 텅 빈 적막 속에서 괴로워하

는, 즉 관계의 상실에 고통스러워하는 인간의 마음이다. 사막이라는 말에 투영된 인간의 마음은 역으로 공동체에 대한 근원적 욕구를 반영한다. 사막은 인간이 근본적으로 공간을 공유하는 사회적 존재이고, 남들과 함께 축적된 시간을 살아온 역사적 존재라는 것을 암시한다.

골목길에 놓인 평상 위에 홀로 앉아 있는 것만큼 쓸쓸한 건 없다. 여럿이 모여 앉으라고 널따랗게 만들어놓은 게 평상 아닌가. 노이트라의 집은 외롭다 못해 적막한 사막 위에 평상을 놓는 것과 같았다. 기둥을 박고, 위에 반반한 바닥을 걸치고, 지붕을 넉넉히 덮어 그늘을 만들었다. 방보다 중요한 공간이 이 평상과 같은 공동의 공간이었다. 선명한 지평선이 적막함을 더해주는 생명 없는 땅에서 몇 안 되는 생명이 엉덩이를 부대끼는 공간이 그의 집이었다.

지중해의 풍경

뜨거운 홍해를 지나고 수에즈 운하를 통과하면 한순간에 모든 것이 달라진다. 사막을 만들어낸 열기가 누그러지고 온기로 그득하다. 때때로 사이클론이 몰아치는 인도양이나 아라비아 해와는 달리 이곳 바다는 평온하고 온순하여 안기는 맛이 있다. 모래바람이 대기를 흐리는 대신 맑고 투명한 하늘이 이불처럼 포근하게 눈에 들어온다. 아프리카, 유럽, 아시아 세 대륙에 둘러싸인 호수 같은 바다, 이름 그대로 지중해이다.

개미허리 같은 지브롤터 해협을 통해 대양과 겨우 연결되다보니 조차도 거의 없고, 바닷물도 항상 뜨뜻미지근하다. 난류와 한류가 만나 소용돌이쳐야 고기가 몰려드는 법인데, 이 미지근한 연못 같은 바다에는 그러한 생명력이 결여되어 있다. 짧은 기간 그리스를 유랑할 기회가 있었는데, 바다에서 유람선만 보았지 고기잡이배는 찾아볼 수 없었다. 양식장이나 낚시꾼도 보지 못했다. 내가 알고 있는 바다 이미지와는 너무도 달랐다.

내 고향 장흥과 그 주변만 생각해보더라도 바다는 먹을거리를 지천으로 생산해낸다. 키조개, 꼬막, 바시락, 낙지, 주꾸미, 매생이, 무산김, 짱뚱어, 숭어, 장어, 전어, 병어 등 평소에 먹던 것만 꼽아봐도 손가락이 모자랄 정도다. 이에 비해 지중해는 먹을 것이 다채로운 편은 아니다. 지중해에 면한 그리스나 이탈리아 같은 나라에서 다양한 생선 요리가 발달하지 못한 게 당연하다. 물론 아테네 어느 가게에서 먹은 생선 수프는 어릴 적 먹던 바다장어탕 맛이 돌긴 했다. 구운 뒤 올리브기

름을 넉넉하게 발라 내오는 문어 요리를 먹고 또 먹었지만 우리에 비해 생선 요리는 턱없이 빈약했다. 드넓은 바다에 면한 꼬불꼬불한 해안선으로 유명한 그리스나 이탈리아의 주식은 의외로 양고기를 기본으로 한 육류이다.

    그리스는 덥고 습기가 많지 않은 땅이다. 하지만 사막과 비교해보면 다소 생명의 물기가 있는 곳이다. 덥지만 습기가 적으니, 몬순지대의 태풍이나 폭우, 홍수처럼 과도한 습기가 폭력적으로 존재감을 드러내는 일도 없다. 덥고 비가 오지 않으니 잡초도 자리 잡지 못한다. 그나마 있는 잡초와 우리 것을 비교하면 기가 확 죽은 꼴이 질긴 생명력을 찾아보기 어렵다. 남의 영역을 겁 없이, 뻔뻔하고 줄기차게 침범하는 생명력을 찾아볼 수 없는 잡초 아닌 잡초다. 온 힘으로 움켜쥐고 뽑아내도 해마다 들길을 장식하는 그령은 봄비에 생명력을 얻고, 여름 무더위와 장대비에 키를 쑥쑥 키워 허리춤까지 자라는데, 이런 그령이라도 그리스에 던져진다면 맥을 쓰지 못할 것이다. 비가 내리지 않는데 무슨 재주로 살아날 것인가. 겨울이 오면 그리스에 우기가 찾아온다. 우기라고는 하나 비가 많은 것도 아니고, 일사량도 상대적으로 줄어드니, 역시 잡초는 발을 붙이기 어렵다. 적당히 밀이나 옥수수를 심고 신경 쓰지 않아도 잡초가 밭을 망가뜨리지 않는다.

    논에서 피를 뽑느라 허리 한 번 펴지 못하고 고생하시던 부모님의 모습이 선하다. 한국에서 농사는 이렇게 지난한 과정인데 그리스에서는 자연과 싸울 필요가 없다. 조금 과장하면 그냥 내버려둬도 곡물은 알아서 자라고 잡초는 알아서 죽는다. 자연으로부터 해방되는 것이다.

그래서 몬순지대 사람들이 순종적이고 체념적이라면, 지중해 사람들은 유순한 자연 덕에 마음 또한 느긋하다.

투명한 대기와 관조의 철학

그리스는 지중해 연안 국가 가운데서도 특별한 점이 있다. 이탈리아와 비교하면 우기에 해당하는 겨울에도 습기가 없어 청명한 날이 많다. 한 해에 십여 일 정도만 우중충하게 구름이 끼어 있을 뿐이고, 나머지 날도 우리 기준으로는 여전히 밝고 청명한 날에 해당한다. 그리스 풍경을 두고 '영원한 정오', '그림자가 없는 나라'라는 다소 과장된 표현이 생긴 것도 무리는 아니다. 고대 그리스 조각들이 누드인 것은 이런 타고난 날씨에 영향을 받은 것은 아닐까. 부드러운 풀밭에 누워 따뜻한 날씨를 누리면 되니, 무언가를 특별히 걸칠 이유가 없을 것이다. 모든 것을 드러내는 솔직한 풍경 앞에 사람도 모든 것을 드러내는 것이다.

게다가 바람도 심하게 불지 않는다. 가끔 아라비아 사막에서 강한 먼지 바람이 불어오기도 하지만 부드럽고 잔잔한 바람이 주조를 이룬다. 바람이 부드러워서일까. 언덕배기에 자라는 소나무나 삼나무는 좌우가 균형 잡힌 원뿔형이거나 기계로 깎은 막대기처럼 수직으로 서 있다. 몬순지대에서는 복잡한 형상으로 자랐을 나무들이 이곳에서는 정원사가 오랜 시간 공들여 다듬고 방향을 잡아준 것처럼 꼿꼿하고 반듯하다. 태풍에 꺾이고, 비틀리고, 뿌리가 드러나는 처절한 고통이 이곳

나무에게는 없다. 그래서 와쓰지는 그리스에서는 '자연적이다'라는 말과 '정형적이다'라는 말이 같은 의미라고 주장한다. 나는 어릴 적 동네에서 보았던 적송처럼 비비 꼬인 모양이 자연적이라고 배우며 자랐다. 그런데 그것은 몬순지대의 풍경에 길들여진 감각이었다. 그리스에서는 비정형적인 것이 비자연적이다. 반대로 정형적인 것이 자연적이다. 정형적인 것에서는 일정한 규칙을 읽어낼 수 있으니 원리가 보인다. 원리가 있으면 설명이 가능하니 사람들이 이성적이다.

파르나소스 산 중턱에 있는 델포이 성소 꼭대기에서 아래를 내려다보면 '본다'라는 사실 자체가 주는 즐거움을 만끽할 수 있다. 발아래로는 가린 것 없이 펼쳐진 극장이 눈에 들어오고, 기초와 기둥만 남은 아폴로 신전을 거쳐 그 아래로는 계곡이 굽이쳐 내려가다 산이 되어 솟아오르는 일대 장관이 펼쳐진다. 습기 없는 그리스의 투명한 대기가 절경을 만들어내는 것이다. 꽃송이, 바위 하나, 나무 한 그루 그리고 산세까지, 이 모든 것이 선명하게 보인다. 커다란 천공의 공간 속에 개별자들이 가린 것 없이 드러나는 형국이다.

그리스의 대표적 건축물 가운데 하나인 옥외 극장이 발달한 데도 풍보직인 이유가 있다. 우선 비가 오지 않는 건조하고 따뜻한 날씨 덕분에 이런 건축양식이 가능했다. 시각적으로도 막힘이 없고, 무대 끝 객석의 상부까지 소리도 깨끗하게 잘 전달된다. 이런 투명한 대기를 배경으로 무대 위 배우의 몸짓과 대사를 관조하는 장소가 옥외 극장이었다. 이 옥외 극장이 천혜의 풍경이 눈에 들어오는 산 중턱에 자리 잡았다는 것은 극장에서 바라보는 것이 꼭 배우의 연기만은 아니었음을 의

미한다. 옥외 극장은 극을 구경하는 장소이기 이전에 자연과 인간의 어우러짐을 볼 수 있는 장소다. 르네상스 시대의 극장이 바깥 세계와 단절된 공간이라면, 그리스의 극장은 바깥 세계와 합일을 이루며 자연 안에 존재하는 공간이다.

네덜란드 화가 렘브란트의 한 풍경화가 떠오른다. 이 풍경화를 보고 있으면 막힘없는 관통이 무엇인지 가르쳐주는 듯한 그리스의 투명한 대기가 명확히 와 닿기 때문이다. 같은 유럽인데도 이 그림에 나타난 햇빛은 그리스의 빛과는 너무나 다르다. 아스라하고 칙칙한 공간 속에서 푸르스름하게 밝아오는 어느 새벽녘 빛이 시커먼 구름과 섞여 마치 파란 화선지에 먹물이 스민 것 같다. 깎이고 패여 속살이 드러난 볼품없는 산자락의 끄트머리를 이 빛이 을씨년스럽게 비춘다. 이 미량의 푸른 빛에 그나마 생기가 도는 것은 양쪽 전면에 자리한 지극히 깊은 어둠 때문이다. 산자락이 끊긴 곳으로 이 빛이 물 흐르듯 흘러들어 휘감아 돌아가는 들길을 미약하게나마 밝힌다. 눈을 가늘게 뜨고 그 길을 바라보면 희멀겋게 들어오는 것이 있다. 어스름한 빛을 따라 길을 재촉하는 사람들이 하나둘 윤곽을 드러낸다. 어떤 이는 어둠 속에 거의 묻혀 있어 한참을 응시해야 윤곽이 보인다. 딱히 밝을 것도 없는 후면의 푸르스름한 빛과 전면의 새까만 어둠을 두 극점으로 삼아, 빛과 어둠 사이의 수많은 미묘한 변화를 이 그림은 묘사하고 있다.

독일이나 네덜란드, 벨기에처럼 상대적으로 습기가 많고 햇빛이 부족한 나라에서는 대기에 존재하는 사물의 형태가 이처럼 희미하여 깊이를 가늠하기 어렵다. 끝을 알 수 없는 전체 속에 개별자들이 희미하

게 자리 잡은 것이 무한의 감각을 자극한다. 와쓰지에 의하면 이런 풍토에서 미분과 적분이 발달하는 것은 당연하다. 진리를 구하기 위해 일생을 투신한 탐구욕의 상징인 파우스트 같은 인물이 등장하는 것도 이상할 게 없단다. 반대로 그리스에서는 모든 것이 드러난다. 앞, 뒤, 위, 아래 모두 다 밝고 그 안에 드러나는 사물 또한 명료하다. 자연스럽게 기하학이 발달한다.

    영어로 이론은 'theory'이다. 이 말의 어원은 그리스어 'theoria'로 '본다'라는 의미를 갖고 있다. 즉 무언가를 '하는' 것이 아니라, 한걸음

떨어져서 현실을 바라보며 그 이면의 원리가 무엇인지를 추론하는 것이다. 파타고라스는 theoria를 설명하면서 운동장 주변으로 모여드는 사람에는 세 가지 부류가 있다고 주장했다. 첫 번째 부류는 물건을 팔아 돈을 벌겠다는 사람들이고, 두 번째 부류는 금메달을 따겠다고 오는 운동 선수이다. 그런데 마지막으로 금메달을 따려는 것도 아니고, 돈을 벌려는 것도 아닌데 오는 사람들이 있다. 그저 운동하는 이들의 모습을 바라보며 원리를 추론하려는 자들로 바로 theoria를 행하는 철학자들이다. 원반을 던지는 운동선수는 자신의 모습을 볼 길이 없지만, 철학자는 객석에 앉아 물끄러미 그 선수가 어떻게 하는지 바라본다. 체형, 근육 위치, 회전 반경, 회전속도, 원심력, 공이 날아가는 각도, 거리 등을 꼼꼼히 바라보며 이성적 추론을 통해 원반던지기의 원리를 파악하는 것 그 자체로 기쁨을 느끼는 것이다.

피타고라스의 비유에서 알 수 있듯이 돈을 벌겠다거나 명예를 얻으려는 의도 없이 순수하게 세상에서 벌어지는 일을 바라보며 그 이면의 원리를 깨달아가는 환희 자체가 theoria이다. 초월론자로서 자연현상 이면에 존재하는 기하학적, 수학적 원리를 추구했던 피타고라스의 삶이 곧 theoria의 실천이었다.

와쓰지는 theoria의 철학 역시 그리스의 투명한 대기와 관련 있다고 주장한다. 황당한 이야기가 아니다. 델포이 성소에 서면 theoria는 그리스의 풍토성이 반영된 사고라는 그의 생각에 절로 동의하게 된다. 습기가 없어 모든 것이 맑고 투명하게 드러나는 대기가 만들어낸 관조의 철학인 것이다.

일본의 정원과 균형 감각

그리스의 자연은 가만히 내버려둬도 나무들을 좌우대칭으로 질서 정연하게 길러내지만, 일본의 자연은 손을 대지 않으면 정글이 된다. 잡풀이 아무 데나 들어서고, 넝쿨은 하늘 높은 줄 모르고 나무 끝까지 올라간다. 폭우와 강풍이 심할 때는 나무가 갈기갈기 찢어지기도 한다. 무질서의 혼돈이다. 그래서 큰 땅을 건드릴 생각은 아예 접고, 몇 평 되지 않는 땅에 온갖 정성을 들여 자연의 질서를 인공적으로 구축한다. 일본의 정원은 자그마한 영역에서 질서를 이끌어낸 이상 세계다.

 일본 정원이 추구하는 자연 세계의 이상적 질서란 무엇일까? 나무 하나하나의 모양새도 중요하지만, 더 중요한 것은 정원을 이루는 요소 사이의 관계다. 소나무 한 그루가 자리하고, 이끼가 바닥을 덮고, 납작하고 반반한 돌이 몇 개 누워 있다. 가장자리에서는 대나무가 자란다. 곧추 자라는 소나무와 옆으로 퍼져나가는 이끼가 조응한다. 또 이끼의 부드러움과 중간 중간 놓아둔 돌판의 딱딱함이 상반되는 촉각을 전달한다. 바람에 흔들리는 대나무의 가냘픈 운동성과 그 아래에 선 바위의 정적이 균형을 이룬다. 시각적인 비례나 기계적인 좌우대칭을 넘어서서 성질의 균형을 추구한다. 상반되는 요소 간에 관계를 맺어주는 것이다. 그래서 정원은 차이가 조응하는 하나의 우주다.

 이는 어떤 질서라고 해야 할까? 이것저것 잡다하게 섞여 있는 정글에서 필요한 것만 추려 짝을 지으며 찾아낸 질서가 아닐까. 하지만 정글이 있는 모든 나라에서 일본과 같은 정원이 발달한 것은 아니니 일본의 정원이 보여주는 차이의 균형 감각은 더 특별하다. 이러한 균형 감각은 여름과 겨울을 오가며 열대와 한대의 공존을 경험한 이들만이 가질 수 있다. 일본 정원에 담긴 균형 감각에도 풍토의 영향이 스며 있는 것이다.

기질, 성격, 특질, 기, 아니 무어라고 부르든 이들 간에 상보적 균형을 끊임없이 추구하는 까닭은 이 균형이 바로 질서이기 때문이다. 수평이 수직을 만나고, 부드러움이 딱딱함을 만나고, 차가움이 뜨거움을 만나고, 어두운 곳이 밝음과 만난다. 일본 정원에서 주목할 점은 상이한 두 대상이 항상 긴장 관계를 유지한다는 사실이다. 차가움과 뜨거움을 대야에 넣고 섞어버리면 뜨뜻미지근해지는 것이 영 생명력이 사라지고 말지만, 차가움과 뜨거움을 유지하되 조응하도록 만들어주면 그 둘의 대립이 가져오는 창조적 에너지가 극대화된다. 둘을 섞어 고정된 하나의 상태로 만드는 것이 아니라, 두 극점 사이에 존재하는 무수한 상태를 상상의 세계 속으로 자유롭게 풀어주는 것이다.

일본이 낳은 세계적 철학자 니시다 기타로가 헤겔과는 다른 새로운 변증법을 주창한 것도 상당히 풍토적이다. 그는 상반된 것을 합하여 제3의 응고된 것을 창조하는 것이 아니라 상반된 것을 그대로 두고 그 둘 사이의 긴장 관계가 만들어내는 창조적 생명력을 중요하게 생각했다. 이것과 저것이 하나로 합쳐지는 순간 두 가지 모두 죽는다고 생각했기에, 정과 반이 있으나 합은 굳이 설정하지 않는 열린 변증법을 주장한 것이다.

그리스의 풍경과 균형 감각

이런 균형 감각이 일본의 전유물은 아니었다. 서양 문화의 원류인 그리스의 풍경에도 이런 감각이 존재했다. 그러나 그리스는 균형 감각을 구현하기 위해 일본처럼 따로 정원을 만들지 않았다. 그냥 눈을 들어 보기만 해도 일본 정원의 변증법적 질서가 확대된 듯한 풍경에 안길 수 있기 때문이다.

거친 돌산과 부드러운 하늘이 만들어내는 촉감과 형상의 극명한 대조는 투명한 대기가 빚은 그리스의 기본 풍경이다. 아래로는 다채로운 들꽃이 자리하고, 뒤로는 봉긋한 부피감이 살아 있는 돌산이 서 있다. 어린아이 볼 같은 꽃잎들이 돌산의 거친 표면을 배경 삼아 부드러움을 한껏 드러낸다. 들꽃이 살포시 흔들릴 때마다 미동 않는 돌산과 대조되어 그 움직임이 눈에 확연히 들어온다.

이 돌산은 차이를 비추는 거울이다. 자신의 거친 질감으로 다른 이의 부드러움을 드러내고, 자신의 침묵으로 다른 이의 미세한 몸짓과 소리를 느끼게 해준다. 의미란 사물 안에 있는 것이 아니고 바깥 사물과의 만남에서 생겨난다. 차이의 만남 속에 의미가 드러나는 것이다.

그리스 풍경에 나타난 변증법적 균형 감각을 이야기할 때 빼놓을 수 없는 또 다른 요소가 지중해다. 잔잔한 연못 같은 지중해와 거대한 바윗덩어리 자체가 하나의 산을 이루는 그리스의 풍경은 정확히 물과 돌의 만남이다. 수평과 수직의 만남이요, 청색과 흰색의 만남이요, 부드러움과 견고함의 만남이요, 부유하는 자유와 서 있는 침묵의 만남이다.

이런 멋들어진 정원을 만들기 위해 인간이 한 일은 아무것도 없다. 자연 자체가 아름다운 정원이다. 일본처럼 정원을 따로 만들 필요가 없다. 인위적으로 조작해 변증법적 질서를 구현할 필요도 없다. 개개 자연물이 순응적인데다가, 자연이 이미 변증법적 조화를 이루고 있기 때문이다. 그리스에서는 그냥 눈을 들어 보면 된다. 형상의 조응, 색채의 조응, 촉감의 조응 그리고 정과 동 사이의 조응을 말이다.

아크로폴리스와 균형 감각

그리스인의 창조물에 변증법적 균형 감각이 배어 있는 것은 당연하다. 자연에게 배운 것이 바로 이런 감각이기 때문이다. 아크로폴리스 Acropolis가 좋은 예이다. 아크로폴리스에 서서 파르테논 신전을 왼편에 두고, 피레우스 항구 쪽을 바라보면 저 멀리 지중해가 한눈에 들어온다. 지중해의 물빛과 겹치지 않는 파르테논은 얼마나 멋 없는 신전인가. 지중해의 잔잔한 물결과 우뚝 선 파르테논 신전의 기둥이 쌍을 이룬다. 이 역시 수평과 수직, 청색과 황색, 부드러움과 견고함 그리고 바다 위에서 자유롭게 부유하는 배와 언덕에 선 채 미동하지 않는 신전의 만남이다.

이런 균형 감각이 시각적인 차원에만 머무는 것은 아니다. 인드라 매큐언이 쓴 책 『소크라테스의 조상 Socrates' Ancestor』을 보면 그리스 신전이 내포한 또 다른 균형 감각에 대한 암시가 나온다. 파르테논 신전

을 보면 아테나 여신의 신상이 안치된 성실이 가운데에 자리하고 있다. 중앙에 위치한 성실을 부르는 이름인 나오스^{naos}는 배를 뜻하는 나우스$_{naus}$와 어원이 겹친다. 즉 나오스는 일종의 배다. 배를 움직이기 위해서는 가지런히 정리된 노가 필요했다. 신전 주변에 나란히 들어선 열주는 노를 상징했다. 움직이지 않는 돌로 된 방에 신을 모시는 대신에 주변에 노를 붙여서 창공으로 날아오를 역동성을 부여했다. 정적인 것과 역동적인 것 사이의 균형이다. 실제로 아테나 여신을 숭배하는 축제의 날에는 에게 해와 이오니아 해를 누비던 전함의 노를 젓기 위해 병사들이 질서 정연하게 자리를 잡았던 것처럼 남자들이 기둥 옆에 나란히 섰다. 이들은 여러 명이 구령에 맞춰 노를 젓듯 신전 옆에서 같이 노래를 부르며 몸을 움직였다. 이때 우뚝 선 아테나 여신은 전함의 돛대처럼 방향을 잡아준다. 마치 나아갈 바를 모르고 헤매는 중생을 위해 길이라도 알려주는 것처럼 말이다.

　매큐언에 의하면 아테나 여신도 이런 균형 감각과 관련이 있다. 아테나는 직조의 여신이었다. 수직으로 세워 천을 짰던 베틀은 씨줄과 날줄, 즉 수평과 수직의 운동 체계에 의해 피륙을 만든다. 이 두 방향의 운동에 따라 실이 천이 되고, 그 위에 문양이 새겨진다. 그리스인들이 도시를 건설했던 방식도 마찬가지였다. 이오니아와 에게 해 해안에 식민 도시를 건설할 때는 씨줄과 날줄을 엮듯이 체계를 짜는 것부터 시작했다. 문양이 만들어지듯이 이 직교 체계 위에 아고라와 신전과 주거지가 들어섰다. 메마르고 울퉁불퉁한 대지 위에 질서가 떠오른다. 그리스어 'cosmos'란 혼돈에서 떠오르는 질서를 의미한다. 요즘은 여성, 남성할 것 없이 관심이 많은 'cosmetic'도 표면에 분칠하는 것이 아니라 너저분하고, 흐트러진 얼굴을 바로잡아 남들과 함께하는 공공의 영역으로 나오기 위한 질서 잡기였다. 궁극적으로 질서는 상반된 힘의 균형에 있었다. 어느 하나가 우위를 점하는 것이 아니라 둘 사이의 가운데를 비워 균형을 맞추는 것이 질서였다. 일본 정원과 아크로폴리스에서도 우리는 유사한 변증법적 균형 감각을 본다. 서양 속에 동양이 있고, 동양 속에 서양이 있다.

   변증법적 균형 감각을 바탕으로 풍경을 보는 것은 개개의 사물을 본다는 뜻이 아니다. 상반된 것 사이에 짝을 짓고, 관계를 파악하는 능력이 요구된다. 이런 그리스인의 균형 감각을 고려하면 관조, 즉 'theoria'가 단순히 눈으로 외양을 보는 것만은 아님을 알 수 있다. 눈으로 보아 유사한 것을 엮는 것은 너무 자명하고 쉽다. 이것이 바로 기계적 대칭이다. 그런데 겉모습이 다른 것을 그냥 흘려 보지 않고, 짝지을 수 있다는 것은 깊은 차원의 보기가 존재한다는 반증이다. 이는 상반된 것들 간의 공명을 보는 '은유의 보기'이다. 이 은유의 보기가 바로 theoria이다. theoria는 유사한 것들로 짝을 짓는 기계적 대칭을 넘어서 비대칭의 대칭을 보는 것이나.

세 번째 이야기

어울려 사는 풍경

무명의 손잡이

좋은 사람은 어떤 사람일까? 곁에 있을 땐 몰랐지만 떠나고 나니 그리워지는 그런 사람일까? 있을 땐 없는 듯 머물렀던 사람, 이 무명성에 디자인의 원리가 숨어 있다. 세상에서 가장 잘 디자인된 손잡이도 그러하다. 없는 듯 있어야 한다. 문을 열고 들어갈 때, 손잡이를 쳐다보지 않게 해야 한다. 흔히 말하는 휴먼 스케일이란 내 몸에 맞는다는 의미다. 몸에 잘 맞으면 손잡이를 잡고도 무심코 지나치니 손잡이가 있으되 없는 무無의 경지다.

최고의 디자인은 휴먼 스케일만으로는 부족하다. 무의 경지는 촉감의 문제이기도 하다. 사람이 문을 밀 때, 그 무게를 지탱해야 하니 손잡이는 단단한 철로 만들어져야 한다. 그리고 철은 차가우니 따스한 천으로 감싸야 한다. 추운 겨울날은 더 말할 나위가 없다. 천 덕분에 내 손이 맞닿은 부분은 내 체온과 교감한다. 손잡이가 강인하면서도 온화하다. 마치 내 몸의 일부라도 된 것 같다.

건축가 알바 알토(Alvar Aalto, 1898~1976)가 디자인한 문손잡이는 이런 상반성의 결합을 구현하고 있다. 철의 강함과 천의 부드러움 그리고 철의 차가움과 천의 따뜻함 같은 대립되는 성격이 융화하여 무명의 손잡이를 만들어낸다. 그는 강인함도 필요하고, 부드러움도 필요하다는 것을 알고 있다. 강인함은 차가움을 동반하고, 부드러움은 따스함을 동반한다는 것도 알고 있다. 상반되는 성격의 조합 속에서 그 손잡이는 부지불식간에 사라진다. 튼튼하면서도 따스함이 감도는 손잡이를 나는 그냥 밀고 들어갈 뿐이다. 이처럼 자신의 존재를 드러내지 않는 손잡이가 가장 잘 디자인된 손잡이다.

손잡이가 흐느적거리면 힘이 들어가지 않으니 문이 꿈쩍하지 않는다. 그러면 우리는 손잡이를 유심히 쳐다본다. 손잡이가 단단하더라도 그것을 쥐는 순간 얼음장처럼 차가우면 손잡이를 다시 한 번 보게 될 것이다. 자기를 봐준다고 손잡이가 기뻐할까? 아니다. 삶보다 아름다움을 앞세우는 건축가나 디자이너나 기뻐할 일이다.

무명의 패션

이 세상에서 옷을 가장 잘 입는 사람은 누구일까? 내 생각에 세상에서 옷을 가장 잘 입는 사람은 길거리에서 가장 눈에 띄지 않는 사람이다. 이 대답에 많은 사람이 적잖이 실망할 것이다. 사실 이는 아돌프 로스(Adolf Loos, 1870~1933)라는 입담 좋은 건축가가 한 말이다. 20세기 초 오스트리아 빈에서 아르누보 예술가들이 옷 입는 것을 보고 그는 참을 수 없었다. 도대체 그는 무엇을 참을 수 없었던 것일까?

클림트가 1907년에 그린 〈아델레 블로흐 바우어의 초상〉에 나타난 한 부인의 의상을 보면 조금 이해가 간다. 작품 속 여성은 삼각형 모자이크 무늬로 장식한 레이스를 가슴과 어깨가 살짝 드러나도록 걸쳤다. 그 아래에는 짙은 황금색 천에 동물의 눈, 삼각형, 마름모 등의 문양이 들어간 긴 원피스를 입고, 사각형과 원형의 패턴을 그려놓은 나풀거리는 황금색 겉옷을 덧입었다. 진주로 장식한 초커를 목에 둘렀으며, 팔에도 색색의 보석으로 만든 뱅글을 차고 있다. 이는 어느 부호의 아내를 그린 초상화로 당대에 유행했던 아르누보 패션의 이상을 잘 보여준다. 화려함의 극치를 달리는 의복을 입고 빈을 활보하는 사람들이 로스에게는 많이 거슬렸나보다.

로스가 얘기하는 눈에 띄지 않는 사람이란 주어진 상황에 어울리는 옷을 입은 사람이라는 뜻이다. 아르누보 양식을 따르던 예술가들은 작업복과 운동복, 정장에도 모두 황금색 천을 사용했다. 아라베스크 문양을 넣고, 레이스를 붙이고, 꼬리가 길게 늘어지게 디자인했다. 그들은 모든 것을 예술로 바라보고, 예술로 승격해야 한다고 생각했다. 로스는 이런 예술지상주의를 증오했다. 아르누보 디자이너들은 삶보다 예술을 위에 놓는 오류를 범했다는 것이다.

상황에 맞는 무명의 의상이란 무엇인가? 가톨릭 미사 장면을 떠올려보자. 사제석에 앉는 신부는 어떤 옷을 입고 나타나야 하는가? 신부

가 벌거벗고 나타나면 미사는 대번에 엉망이 될 것이고, 그는 신성모독으로 처벌을 받을지도 모른다. 그렇다고 일반신도처럼 입고 나타나면 어떻게 될까? 신도와 신부를 구분할 수 없어 권위와 성스러움이 사라지기에 이 역시 문제다. 이런 이유로 신부는 사제복을 입고 나타나는 것이다.

사제복은 이중의 역할을 한다. 사제를 신도와 구분하면서 동시에 신부를 무명의 존재로 변화시킨다. 남들과 구분되기 위해서 입기도 하지만, 동시에 자기를 드러내는 게 아니라 자기가 죽었다는 것을 드러내기 위해 입기도 한다. 오직 성스런 미사를 제대로 집전하기 위한 종으로서 자기를 내려놓는다는 실천으로 그 옷을 입는 것이다. 어떤 사제라도 이러한 마음으로 사제복을 입으면 미사를 집전할 수 있으니 차별이 없다. 구분과 동질성 또는 드러남과 사라짐, 이런 이중의 관계를 구현하는 의상이 로스가 말한 상황에 어울리는 의상이다.

로스가 설계한 '로스하우스'는 건축사에서 말이 많은 건물이다. 위층의 주거 공간은 흰 벽으로 마감하고, 아래층에는 고급 양복점을 넣다 보니 격자무늬의 내닫이창Bay window과 대리석 기둥으로 마무리한 건물이다. 사람들은 건물 위층에도 역사적인 냄새가 나는 장식을 갖다 붙이라고 거칠게 시비를 걸었다. 빈의 전통 주택처럼 흰색의 라임 회반죽으로 마감한 것이라고 로스가 항변해도 말이 통하질 않았다. 입에 거품을 물고 아르누보식 치장을 비판했던 로스가 저층부를 대리석으로 장식하고, 구조적으로 불필요한 대리석 기둥까지 여러 개 만들어 박아놓았으니 말이 더 많았다.

로스가 이야기한 '상황에 맞는 의상'이라는 관점에서 보면 아래층

장식이 영 말이 안 되는 것도 아니다. 상점의 품격을 높이기 위해 대리석으로 장식했다는 단순한 이유를 넘어서서 그 건물이 자리 잡고 있는 도시적 상황과 장식을 연결해 이해할 필요가 있다. 가톨릭의 신부는 로만칼라Roman collar에 드레스처럼 긴 수단을 입고 그 위에 제의를 걸친 채 미사에 등장한다. 로스의 건물도 마찬가지 아닐까? 로스하우스는 빈에서 가장 중요한 광장에 면하고 있기에 공공의 영역에 몸을 내미는 특별한 지위를 지닌다.

마지못해 밋밋한 회반죽을 온 몸에 바른 채로 나타날 것인가? 아니면 인도 카주라호에서나 볼 수 있는 탄트라 석상이 잔뜩 새겨진 기둥이라도 걸치고 나타날 것인가? 벌거숭이 모습으로 나타날 수도 없고, 그렇다고 빈과 어울리지 않는 먼 나라의 옷을 걸치고 나타날 수도 없는 노릇이다. 이런 고민 가운데 로스는 그리스 에비아 섬과 스키로스 섬에서 가져온 대리석으로 벽과 기둥을 만들어 옷을 입힌 다음 건물을 도시에 내밀었다. 이런 장식은 상황과 역할에 대한 고려 없이 현란하고 감각적이기만 한 아르누보식 치장과는 전혀 다르다. 광장을 먼저 생각하고, 그 안에서 건물이 가져야 할 공적 위상과 역할을 완성하는 상황적 장식이다.

위에서 이야기한 것처럼 신부가 제의를 입고 미사에 등장할 때 그는 분명 다른 이들과 구분된다. 하지만 다른 각도에서 보면 신부는 그 제의를 통해 자신을 숨기는 것이기도 하다. 모든 것은 미사 그 자체의 감동과 영광을 위해서다. '나'는 없다. 이 건물도 마찬가지다. 얼핏 보면 튀는 것 같지만 결국 광장의 영화를 위해 자신을 감춘다.

무명의 건축

무명의 손잡이나 무명의 패션에 관한 이야기를 건축에도 적용할 수 있다. 마찬가지로 좋은 건축은 눈에 띄지 않는 건축이 아닐까? 눈에 띄지 않는 건축이라 하면 길거리에 흔하디 흔한 삼류 건축이나 어느 고매한 미니멀리스트가 절제된 언어로 만들어낸 박스형 건물을 이야기하는 것 같기도 하다. 하지만 둘 다 답이 아니다.

눈에 띄지 않는 건축은 촉각적 건축이다. 촉각적 건축은 나의 살과 부대끼며 나의 일부가 되는 건축이다. 더 나아가 우리 안으로 파고들어와 '우리'가 되는 건축이다. 여기에 패러독스가 있다. 나의 일부 또는 내가 되는 촉각적 건축은 눈에 들어오지 않는다. 사람들에게 손을 찍은 사진을 보여주고, 자기 손을 찾아보라 하면 많은 사람이 자기 손을 알아보지 못한다. 자기 손이니까 한 번도 대상화하지 않은 것이다. 우리는 그저 손을 쓸 뿐이다. 이렇듯 나의 일부 아니 '나'가 되는 건축은 눈에 띄지 않는다. 빤히 옆에 있는데도 말이다.

필라델피아에서 공부하던 때였다. 건축학과 건물 옆에는 건축가 프랭크 퍼니스가 설계한 근사한 건축도시관이 있었다 영화 〈필라델피아〉에서 톰 행크스가 연기한 주인공 앤드루가 에이즈에 관한 인권 침해 사례를 연구하기 위해 찾아간 도서관이 바로 이곳이다. 그런데 한 선생님이 수업 시간에 이 도서관 건물의 바깥 모양을 앉은 자리에서 그려보라고 하셨다. 영 실없는 과제라고 생각했다. 맨날 그 도서관 안이나 언저리에서 공부하고, 놀고, 먹고, 마시는데 못 그릴 리가 있나 싶어서였다.

하지만 막상 그리려 하니 아무것도 떠오르지 않았다.

도서관을 내 몸처럼 지척에 두고 살았다는 사실이 바로 머릿속이 하얘진 이유였다. 내 손을 낯설게 보며 요리조리 관찰하지 않듯, 한 번도 이 건물을 세심히 관찰한 적이 없었다. 그저 그 건물과 살갑게 지냈을 뿐이다. 초봄에는 붉은 돌벽에 반사되는 햇빛이 따사로워 건물에 등을 기대고 섰다. 여름날엔 건물 한쪽에 드리워진 그늘로 뻔뻔하게 숨어들었다. 옷에 때가 묻어도 개의치 않고 엉덩이를 부비고, 등을 기댔다. 돌이켜보면 그 벽은 그늘을 만들기 위해 필라델피아의 여름 볕을 혼자서 온몸으로 감당하고 있었을 것이다. 가끔씩 그늘 안으로 시원한 바람이 불어올 때면 돌벽은 투박한 표면으로 구성진 소리를 냈다. 살갗으로 시원함을 느끼고, 귀로는 휘파람 소리를 듣는 나름 감각의 향연이었다.

건물 벽에 빛이 와 닿아 산란되고, 바람이 부딪쳐 소리를 낼 때에 빛과 바람은 만져질 듯, 들릴 듯 육화되어 비로소 나의 몸과 만났다. 빛과 바람이 나의 몸과 피류을 형성하며 일체가 되었다. 빛이 달구어낸 돌벽의 따스함이 등을 통해 내 안으로 스며드는 순간, 어디서부터가 '나'이고 어디서부터가 '벽'인지 알 수 없었다.

이런 무명의 벽이 모여 우리를 안아주는 도시의 거실이 탄생한다. 어느 날 지중해를 지나 예루살렘으로 가는 관문 도시인 아크레Acre를 방문했다. 위치 탓에 수많은 전쟁을 겪고 피눈물을 흘린 곳으로 특히 십자군과 이슬람교도 사이에 목숨 건 전쟁이 벌어졌던 영욕의 땅이다. 이 도시에서 소수 민족으로 살아가는 아랍인이 거주하는 지역을 거닐어보았다. 영욕의 땅인지라 길거리에는 눈길을 끄는 건물이 즐비하지만, 그들의 삶을 지탱해주는 건 이름난 건축물이 아니라, 더위를 피해 함께 모여 차를 나눠 마시는 그늘이었다. 이름 없는 건물 벽과 차양이 어우러져 길 위에 몇 평 안 되는 그늘을 드리우고 있었다. 그들의 부르튼 가슴을 파고드는 시원하고 축축한 이 그늘은 어떤 의미일까? 말라비틀어진 이파리에도 내리쬐는 비정한 땡볕으로부터 잠시나마 피신시켜 생명의 숨을 트여주는 오아시스 같은 것이 아닐까?

이곳의 어린아이들에게도 특별한 장소가 있다. 바로 막다른 골목길이다. 땡볕이 얌전하게 잦아드는 때가 되면 골목길에는 아이들의 재잘거리는 소리가 벽에 반사되어 메아리처럼 울려 퍼진다. 네다섯 살부터 예닐곱 살 사이의 아이들은 어머니의 품을 벗어나 친구들과 어울려 놀기에 적당한 공간을 찾아다닌다. 골목길은 이런 아이들에게 도시가 선물하는 또 다른 어머니의 품이다. 좋은 도시는 아이들을 안아준다. 이 품은 이름 없는 벽과 벽이 만날 때 만들어진다. 이 집 벽과 저 집 벽이 만나 거실 같은 촉감의 공간이 나타난다.

아크레 어느 한구석의 골목길에 안겨 있으니 어릴 적 뛰놀던 고향 골목길이 떠올랐다. 저만한 나이였다. 자치기며 딱지치기, 숨바꼭질을 하던 기억이 난다. 이제 그 골목길은 사라지고 없다. 잃어버린 어머니의 품이다. 마치 우리가 취할 수 있는 자세는 직립보행밖에 없다는 듯이 거리는 꼿꼿하게 서서 목을 쳐들고 눈요기를 해야 하는 건물로 가득 차 있다. 도시의 품에 안겨 앉고, 눕고, 팔이나 다리를 걸치고 싶다. 바닥에 느긋하게 앉아 책을 읽거나, 손을 들어 건물을 쓰다듬거나, 벽에 등을 기대고 하릴없이 점심 나절을 보내거나, 기둥을 붙잡고 서서 누군

가를 기다리거나, 창가에 앉아 커피를 홀짝거리거나, 그림자에 숨어들어 쉬고 싶다.

안이 훤히 들여다보이는 쇼윈도로 치장한 건물이 줄지어 선 도심의 거리는 겉으로는 열려 있는 것 같은데, 실상 사람들을 밖으로 밀어낸다. 이런 거리에선 몸을 어디다 둬야 할지 참으로 난감하다. 그래서 끊임없이 그냥 걷는다. 잠시나마 기댈 벽도 없다. '나'와 '너'를 '우리'로 엮어줄 도시의 거실이 없는 쓸쓸한 현실이다.

캄피돌리오 광장

건축계에서 명작으로 손꼽히는 공간이나 건물을 찾아갈 때, 건축하는 사람들은 '누구는 눈물을 흘렸다는데 난 눈물이 안 나면 어떡하지' 같은 일종의 부담을 느낀다. 이런 부담을 안고 미켈란젤로가 설계한 캄피돌리오Campidoglio 광장에 섰다. 천재가 디자인했다는 공간이다. 세 개의 건물로 둘러싸인 평탄한 광장이 펼쳐진다. 바닥에는 연꽃 봉우리를 닮은 기하학적 문양이 흰색 대리석으로 조각되어 있다.

광장 한가운데에 있는 마르쿠스 아우렐리우스 안토니누스 황제의 청동 기마상이 눈에 들어온다. 기마상 뒤로는 원로원으로 쓰였던 세나토리오 궁전이 서 있다. 중앙에 커다란 종탑이 강인하게 버티고 선 건물이다. 건물 정면은 미켈란젤로가 부분적으로 다시 손을 봤다. 양쪽 끝에서 쌍둥이처럼 올라가던 계단이 2층 가운데 위치한 원로원으로 들

어가는 커다란 문 앞에서 멈춘다. 이 계단 끝 누대에 서서 어느 힘센 정치가는 로마 시민에게 일장 연설을 했을 것이다. 계단 전면 좌우로는 나일 강과 테베레 강을 상징하는 신이 만찬을 즐기듯 긴 의자에 비스듬히 기대어 있고, 중앙 연못 위로는 미네르바 여신이 앉아 있다. 관리들이 쓰던 건물인 콘세르바토리 궁전은 겉모양을 다시 정리하여, 두 층을 가로지르는 웅장한 수직 기둥을 도입하고 기둥 양옆으로는 이오니아식 새끼 기둥을 붙여서 우아함을 더했다. 모든 창문 좌우를 기둥으로 장식했고, 창문 상단 또한 화려하게 꾸몄다. 반대쪽에는 누오보 궁전을 지어 대칭을 이루도록 계획했다. 계단과 종탑, 거대한 수직 기둥들 그리고 가운데 선 높다란 기마상. 이 모두가 대지 위에 우뚝 선 기상과 자신감을 이야기하는 듯하다.

  그런데 이를 어떡하나? 눈물은커녕 별 감동이 없다. 이 광장은 분명 아름답지만 아름다움이 감동으로 다가오지는 않는다. 왠지 마음이 불편하다. 아름다움의 극치를 담은 완결된 그림엽서 속에 들어가 어울리지 않게 서 있는 듯한 나를 발견하고는 안절부절못한다. 완벽하게 완성된 공간 그래서 사람들이 칭찬하는 공간이 내게는 숨 막히는 미적 억압으로 다가온다. 미켈란젤로의 재주와 능력은 보이는데 그다지 큰 감동은 없었다.

  내가 느낀 억압이 영 허무맹랑한 것은 아니다. 실제로 이 광장은 처음부터 정치적 의도가 깔린 과시형 공간으로 디자인되었다. 이면에는 교황 바오로 3세와 신성로마제국의 황제 카를 5세 사이의 정치적 관계가 있다. 1527년 로마와 교황 클레멘스 7세가 신성로마제국의 군대에게 능멸당한 기억이 아직도 생생하던 때였다. 뒤를 이어 교황에 오른 바오로 3세는 카를 5세와 원만한 관계를 유지하고자 여러 방면으로 애를 썼다. 세를 불려가는 프로테스탄트와 싸우기 위해서는 카를 5세의 군대가 필요했다. 기회를 살피던 바오로 3세는 카를 5세가 튀니스를 정복하자 이를 기념해주고자 고대 로마의 개선문을 지나는 것과 같은 행진을 제안한다. 이 행진의 종점으로 설정한 곳이 바로 캄피돌리오 광장이었다. 광장에 이르는 언덕길을 완만하고 넓은 경사길로 가꾼 것도 말을 탄 황제가 어려움 없이 길을 오르도록 배려한 것이었다.

실제로 황제는 1536년에 로마를 방문하는데, 이때까지 공사가 마무리되지 않아서 아쉽게도 바오로 3세가 기대했던 캄피돌리오 광장에서 끝을 맺는 극적인 행진은 이뤄지지 않았다. 계획대로 공사가 끝났다면 카를 5세는 말을 타고 이 광장까지 올라온 후, 청동 기마상을 보며 최초의 기독교인 황제였던 콘스탄티누스 대제와 자신을 견주었을지도 모른다. 기분이 얼마나 우쭐해졌을까. 이 광장은 황제의 기분을 하늘로 날아오르게 했을 것이다. 이런 과시형 광장에 서 있자니 그 영화榮華의 주인공이 잠시 자리를 비운 사이에 먼 동방에서 온 꾀죄죄한 객이 어울리지 않게 자리를 차지한 것 같아 마음이 불편했다.

Genius 그리고 무명의 광장

한 천재가 미적으로 완벽한 과시형 광장을 디자인했다는 것은 무엇을 의미할까? 왜 그 완벽한 미는 아름답다고 느껴지기보다 오히려 나의 마음을 옭아매는 것일까? 도대체 천재란 무엇일까? 범접할 수 없는 신적인 인간이 천재일까? 사실 이는 오해다. 천재를 영어로는 'genius'라 한다. 원래 genius는 사람이 아니라 어느 장소에 머무르는 신이나 기氣를 가리키는 말이었다. 한 장소에서 보이는 해, 달, 바람, 산, 들, 강과 바다에는 어떤 특별함이 있다. 그곳에서 나는 농작물과 동물의 형태와 크기, 때깔, 맛을 보면 그 장소에 숨어 있는 genius의 숨길이 느껴진다. 마찬가지로 거기 사는 사람도 같은 genius의 영향 아래 놓여 있다. 그 장소에서 태어난 사람의 운명과 생로병사를 관장하는 수호신과 같은 것이 바로 이 genius였다.

그리스와 로마 시대의 genius 개념은 이와 유사했다. 어떤 사람을 두고 이야기할 때, "he possesses a genius"라고 말했지, "he is a genius"라고 하지는 않았다. 창조의 기운이 흘러가다가 영혼 속으로 파고들면 그는 그 기운이 이끄는 대로 신들린 듯한 창조를 해낸다. 그러다 그 기운이 떠나면 그는 범인凡人으로 돌아온다. 이러한 사고방식이 르네상스 시대에 들어서 바뀐다. 특별한 기운이 누군가에게 잠시 머무는 것이 아니라 개인 자체가 천재가 된다. 다빈치가 그러하고, 라파엘로가 그러하고, 미켈란젤로가 그러하다. 이들이 만들어내는 것은 신의 창조물과 동격이다. 이렇듯 한 개인이 천재로 이해되기 시작하면서 예술가에 대한 개념도 달라진다. 천재가 되겠다는 강박관념에 매달리다 천재 소리를 들으면 하늘로 부양하고, 그 소리를 듣지 못하면 괴로운 나머지 목숨을 스스로 끊기도 한다.

한 인간이 천재라는 생각은 착각이다. 오히려 그 사람을 통해서 잠시 머무르는 창조의 기운을 보는 것이 맞다. 모든 것을 완벽하게 창조하는 개인이란 애당초 존재하지 않는다. 캄피돌리오 광장의 디자인을 놓고 보면, 어디서부터가 바오로 3세의 아이디어이고, 어디까지가 미켈란젤로의 아이디어인가? 미켈란젤로 사후에 미완으로 남은 건물을 완성하거나 실내 장식을 손본 이들은 어떤 역할을 했다고 봐야 하는가? 단순히 미켈란젤로라는 천재가 짜놓은 계획을 기계적으로 실현했다고 봐야 할까?

캄피돌리오 광장이 아쉬운 점은 이런 부분이다. 일반인은 범접할 수 없는 신적인 창조의 원리를 바탕으로 모든 것이 완벽하게 디자인되어 아름답지만, 무언가를 더할 수도 뺄 수도 없다. 결국 박제된 전시장이다. 이처럼 한 천재가 모든 것을 일시에 만들어내는 광장은 아름다울지 몰라도 삶을 담아내는 광장으로서는 한계가 명확하다.

좋은 광장은 한 천재에 의해 완성된 공간이 아니라 사람들이 살아온 흔적을 담아내고, 필요하면 변형할 수 있도록 열려 있는 곳이어야 한다. 이러한 광장이야말로 나의 것이 되고 너의 것이 되며 더 나아가 우리의 것이 된다. 수천 년을 두고 여유 있게 그리고 함께 만들어가는 지혜는 어느 한 천재의 머릿속에서만 나오는 상상력을 뛰어넘는다. 이름 없는 이들이 이름 없는 건물을 하나씩 더해가는 무명의 광장이 필요하다. 천재성 대신에 무명성 속으로 빨려 들어가는 미켈란젤로가 필요하다. 이런 바깥마당이 진정한 광장이다. 이런 진정한 광장에 서는 그 날엔 눈물이 나지 않을까?

잠수함 건축, 우주선 건축

필라델피아에서 공부할 당시 '달에 짓는 건축'이라는 주제로 설계 과제가 주어졌다. 신선하면서 한편으론 당황스러웠다. 스튜디오 바닥에 흙 한 봉지를 자그마한 산처럼 뿌리고, 무어라고 설명하는 것이 상당히 인상적이었다. 그때는 내 영어 실력이 변변찮아 무슨 얘기를 하는지 다 알아듣지 못했으나, 회색 카펫 위에 흩어진 붉은 흙의 대비가 여전히 기억에 생생하다.

달에 짓는 건축은 어떤 모습일까? 중력이 지구의 6분의 1밖에 안 되고 바람도 없으니 건물을 짓는 조건이 무척 다르다. 기둥이 젓가락처럼 얇아도 되고 기둥 대신 특수한 천으로만 감싸도 건물을 충분히 지탱할 수 있다. 젓가락 건축, 스킨 건축, 피륙 건축, 풍선 건축 등이 가능하다. 달뿐 아니라 깊은 바닷속에 건물을 짓겠다는 이야기도 종종 등장한다. 한 프랑스 건축가는 다양한 심해 건축을 제안하며 멋들어진 그림으로 사람들을 현혹한다.

이런 건축이 다 터무니없는 것은 아니다. 환경문제가 더욱 심각해지면 지구를 떠나 다른 행성에 정착해야 할지도 모른다. 그때는 상상의 건축이 미래를 내다본 건축으로 칭송받을 것이다. 하지만 이런 극한 상황을 가정하는 건축은 분위기가 뒤숭숭해지는 세기말마다 등장했다는 점에서 경계할 필요도 있다. 지상의 환경이 불안하니 우주나 바닷속으로 들어가 피난처를 구하는 것이다.

이런 유의 건축 중 실현된 것은 대부분 놀이동산에 있다. 일상에서

접하는 감각의 범위를 벗어나 자극적인 재미를 주는 건축이다. 하지만 놀고 나면 여지없이 일상으로 돌아와야 한다. 특수유리로 만든 바닷속 바에서 물고기에 둘러싸인 채 블루 하와이안 칵테일을 마시는 게 아무리 낭만적일지라도 일상과 괴리된 환영을 좇고 있다는 허전함은 지울 길이 없다.

 자극적인 공간을 만드는 것은 어렵고, 일상적인 공간을 만드는 것은 쉬운 일처럼 보인다. 이는 사실이 아니다. 자극적인 공간보다 일상을 재발견하도록 이끄는 공간을 구축하는 것이 훨씬 더 어렵다.

테이블

사람들은 우주선에서 식사할 때, 있지도 않은 테이블이 마치 있는 것처럼 행동하는 경향이 있다고 한다. 무중력 상태에서도 무언가를 가운데에 놓고 둘러서 있다고 생각한다. 자신들을 하나로 묶어주는 가상의 면이 존재한다고 가정하는 것이다.

 단순히 지구에서의 습관 때문에 이런 경향이 나타나는 것은 아니다. 사람이 모이는 곳에는 반반한 면이 필요하기 마련이다. 바닥도 유사한 기능을 한다. 평평한 바닥이 선재先在하기에 둘러앉아 대화를 나누거나 어울려 놀 수 있다. 이런 테이블이나 바닥은 우리가 발을 딛고 선 대지를 형상화한 것이다.

 대지가 있기에 등장하는 것이 지평선이다. 지평선이 있어 위아래와

원근이 구분된다. 지평선을 향해 서면 앞과 뒤가 생기고, 자연스레 오른쪽과 왼쪽도 생겨난다. 이처럼 대지와 지평선은 우리가 세계를 인식하는 근본 축이다. 세계는 대지와 지평선을 배경으로 떠오르는 것이다. 이들 없이는 상하좌우와 원근도 없으니 여기 있으나 저기 있으나 매한가지다. 공간이 지루하게 확장될 뿐이다. 대지와 지평선에서 시작해 상하, 좌우, 원근을 이야기하는 것은 삶의 조건을 재발견해가는 도정이다.

대지가 없는 세계를 상상하기 어렵고, 테이블이 사라진 세계도 상상하기 어렵다. 사람들이 모여 사는 한 대지는 말없이 우리를 떠받들어주고, 그 위에 놓인 테이블은 둘러앉고 마주보도록 공동의 중심이 되어준다.

대지

라스베이거스에서 애리조나로 차를 타고 네 시간 정도 가면 그랜드캐니언 서쪽 끝자락에 다다른다. 눈앞으로 온통 붉게 물든 대지에 수직으로 하강하는 협곡이 끝없이 펼쳐진다. 한 인디언의 도움을 받아 바위 가장자리에 앉아보았다. 한 발만 앞으로 내디디면 온몸이 산산조각 날 아찔한 위치였다. 아름답다는 말로는 대자연이 전하는 강인한 인상을 온전히 표현할 수 없다. 끔찍하고, 불안하고, 생명의 위협마저 느껴진다. 아름다움과 끔찍함으로 뒤범벅된 이 감정이 바로 칸트가 이야기한 숭고미가 아닐까.

한숨 돌리고 보니 구름다리를 건설하기 위해 둘러친 가설 막이 눈에 띈다. 지상에서 시작한 다리가 허공으로 튀어나가 곡선을 그리다 다시 지상으로 돌아오는 형태이다. 그런데 놀라운 사실은 이 다리 바닥이 유리라는 것이다. 유리 아래는 거대한 허공이다. 저 허공에 걸린 유리 위를 걸으면 어떤 느낌이 들까?

호기심이 사라지지 않아 나중에 인터넷을 뒤적이다 이 다리를 걸어본 사람들의 후기를 접했다. 많은 사람이 호기심에 거금 30불을 내고 다리 위를 걸어본 모양이다. 행여 바닥이 내려앉을까 발가락을 곤추세우며 조심스럽게 걸음을 내딛었다는 고백이 주를 이뤘다. 다리 자체는 공학적으로 견고하게 설계되었다. 특수 유리를 겹겹이 쌓아 바닥을 만들었기에 수십 명이 다리에 올라가 달리고, 뛰고, 춤을 춰도 아무런 문제가 없다. 하지만 이성과 몸은 따로 논다. 나였더라도 온 근육이 굳어버려 쉽게 발걸음을 떼지 못했을 것이다. 생각만으로도 겁이 난다.

왜 사람들은 견고한 유리 다리 위를 걸을 때 대지를 걷는 것처럼 편하게 몸을 내려놓지 못할까? 기억 때문일 것이다. 갑작스레 유리가 파삭 깨져 손가락에 피가 흐르는 걸 발견하고 부모님 앞에서 징징 울던 어릴 적 기억은 누구에게나 있을 것이다. 우리의 몸은 이성적 판단에 앞서 기억에 따라 움직인다.

그러나 더 중요한 이유가 있다. 그것은 대지에 관한 것이다. 이 다리를 걷기 전까지 사람들은 매일 발을 붙이고 서는 이 든든한 대지를 한 번도 신비의 대상으로 바라보지 않았다. 대지는 그저 침묵하며 나를 떠받쳐왔기에 모르는 사이에 이미 나의 일부가 된 것이다. 달리기를 하

든, 산보를 하든, 가부좌를 틀고 앉든, 춤을 추든, 이 딱딱하고 평평한 대지 없이는 아무것도 할 수 없다. 죽을 때 반듯하게 눕는 것은 대지와의 접촉면을 최대한 확보하려는 본능이다. 거기에 최고의 안정감이 있기 때문이다. 그래서 서양에서는 우리가 서고 기댈 수 있는 안정되고 견고한 판이라는 의미로 대지를 'terra firma'라 부른다.

바닥이 훤히 들여다보이는 유리를 밟으며 허공 위를 거니는 것은 존재 기반이었던 대지가 갑자기 확 사라져버리는 두려움과 상실감을 몰고 온다. 유리 다리가 대지 없는 삶의 끔찍함을 순간적이나마 깨우쳐 준 것이다.

평평한 판

지구가 처음 탄생했을 때 어떤 모습이었을까? 우리가 편히 앉고 설 수 있을 만큼 대지가 평평하고 견고했을까? 산이나 언덕도 많고, 울퉁불퉁한 바위투성이라 엉덩이를 붙이고 앉을 곳이 영 마땅찮았을 것이다. 모래밭처럼 흐물흐물하거나 늪지대처럼 푹푹 꺼지는 곳이 지천이라 긴장을 풀고 편히 쉴 수 있는 장소를 찾기 어려웠을 것이다. 이런 곳에서 인간이 할 수 있는 최초의 창조 행위란 서거나 앉을 수 있도록 평평한 판을 만드는 것이 아니었을까.

평평한 판은 윤리적 의미도 담고 있다. 두 복서가 게임을 하려면 같은 링 위에 서야 한다. 그래야 공정한 게임이 시작된다. 또 서로의 키가 얼마나 다른지 확인할 때도 우리는 같은 판 위에 서야 한다. 너와 내가 공동으로 서는 기반을 인정해야 비로소 차이가 드러난다. 공동의 기반과 차이는 동전의 양면과 같다. 인간이 만든 최초의 창조물 가운데 하나인 평평한 판은 새로운 관계의 철학을 암시한다.

동그라미와 삶

여러 형태 중 가장 공동체적인 것을 고르라면 나는 동그라미를 꼽을 것이다. 동그라미는 어떤 공동체적 의미를 담고 있는 것일까? 건축가 알도 반 에이크(Aldo van Eyck, 1918~1999)는 1950년대 중반 도곤족이 사는 아프리카 북부 마을로 여행을 떠났다. 그는 현대 문명이 삶을 파편화하고, 계측을 통해 수치로만 이해하는 오류를 범한다고 비판했다. 이에 맞서 그는 모순을 받아들이고, 차이에 대한 지평을 열어주며, 다양한 의미를 담아내는 다의적인 공간을 만들자고 주장했다.

이런 그가 도곤족 마을에 도착해서 배운 것은 무엇이었을까? 도곤족 남녀가 모여서 춤추는 모습을 가만히 보고 있으니 새삼스레 눈에 들어오는 것이 있었다. 바로 원형으로 춤을 춘다는 사실이었다. 우리 전통 놀이 중에도 강강술래라는 춤이 있으니 도곤족이 어떻게 춤을 추는지는 쉬이 이해가 간다. 그런데 왜 이 원시인들은 군무를 추면서 원형을 지향하는 것일까? 동그라미의 특별한 점은 무엇일까?

원형을 따라 춤을 추면 어느 누구도 맨 앞자리나 뒷자리에 서지 않는다. 함께 손을 잡고 빙글빙글 도는 중에 흥을 내며 움직임을 주도하는 사람이 매 순간 바뀐다. 누구든 선창하고 몸짓을 해보이면, 다른 사람들은 따라서 소리를 내고 비슷한 몸짓을 하며 즐거워한다. 가운데 말뚝을 박고 줄을 달아 원을 그린 후 원주를 따라 춤을 추라고 해서 따르는 게 아니다. 사람들이 모여 살며 함께 춤을 추다보니 자연스레 동그라미가 이상적 형태로 자리 잡은 것이다. 동그라미는 기하학적인 원리

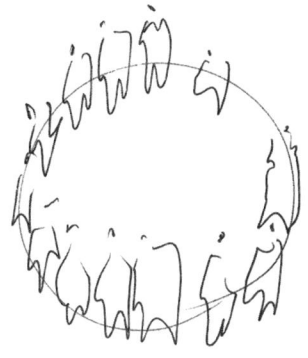 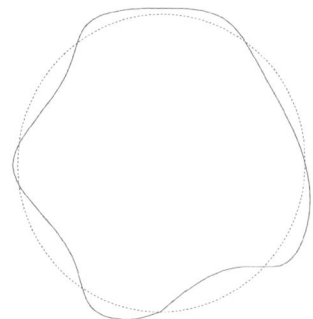

들 따르는 형태이기 이전에 사람들이 공동체를 이뤄가는 민주적인 삶의 형태다.

    그렇다고 기하학적으로 완벽하게 그려진 원이 무의미한 것은 아니다. 인간이 아무리 완벽한 원형을 추구하더라도 들쑥날쑥한 곳이 있기 마련이다. 기하학적인 원은 군무가 궁극적으로 추구하는 형상이 무엇인지 보여준다. 그리고 그 이상이 지표가 되어 군무를 출 때마다 완벽함을 지향하도록 유도하는 것이다. 이것이 삶과 기하학의 관계다.

원의 이중성과 삶

알도 반 에이크는 원에 관한 생각을 더 발전시켜 원주의 이중성을 이야기하며 이를 간결한 다이어그램으로 표현했다. 원은 사람들이 중심을 향해 앉도록 자연스레 유도한다. 이 순간엔 공동체를 향해 집중한다. 반면 돌아앉으면 먼 곳을 쳐다볼 수 있다. 이때는 각자의 시야에 지평선이 들어오니 공동체를 넘어서는 미지의 세계에 대한 흥분과 기대감이 일어난다.

원주에는 두 가지 삶의 방향이 담겨 있다. 하나는 다른 개인과 함께 자기를 죽이고 공동체를 만들어나가는 것이고, 또 다른 하나는 집단이기주의와 같은 공동체의 폐쇄성을 훌훌 털고 떠나 공공의 영역으로 나아가는 것이다. 이렇게 볼 때 공공의 영역은 공동체와 공동체 사이에 존재한다. 안을 향하는 것과 바깥을 향하는 것, 공동체에 자신을 종속시키는 개인과 공공을 향해 열린 개인. 이 두 방향 사이에 내재한 역동적인 균형이 원주에 자리하고 있다. 중요한 것은 두 방향 중 어느 하나를 우위에 놓고 반대의 것을 무시하는 것이 아니라, 둘 사이의 긴장 어린 공존이다. 어느 하나가 과도하게 세를 얻으면 반대쪽으로 움직이며 균형을 회복하려는 몸부림이 창조의 동력이다.

알도 반 에이크의 이야기는 우리가 무심코 그리는 원이 단순한 형태가 아님을 의미한다. 그 이면에는 조형을 넘어서는 삶의 원리가 숨어 있기 때문이다. 생각 없이 원을 그리다보면 오류에 빠질 수 있는데, 대표적인 예가 파놉티콘Panopticon으로 불리는 원형 감옥이다. 원의 한가

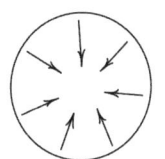
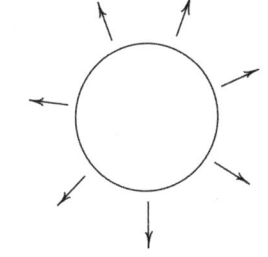
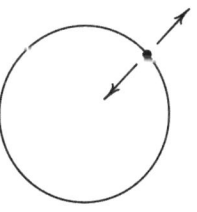

운데에 사방을 한눈에 관찰할 수 있는 감시자를 두고, 그 중심으로부터 피자 조각 자르듯이 수용실을 만든다. 원의 중심만을 인정할 뿐 주변은 인정하지 않겠다는 의도다. 주변을 인정하지 않는 중심은 숨 막히는 전제주의의 감옥을 양산할 뿐이고, 중심 없는 주변부는 소통이 차단된 파편에 그친다.

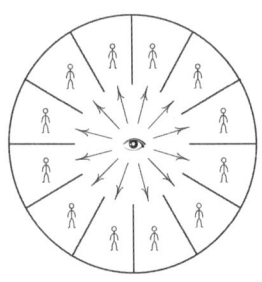

중심과 주변 사이의 균형을 생각하면 머릿속에 떠오르는 전통이 한 가지 있다. 한 사람이 시구를 읊으면 다음 사람이 이어받아 한 줄을 보태고, 또 다음 사람이 한 줄을 보태는 식으로 하나의 작품을 완성해가는 창작 전통이다. 앞사람 시구를 이해하지 못하고 자기 생각만 더하면 시는 전체적으로 죽은 것이 된다. 자기 이야기를 내놓지 못하고, 앞사람 시구만 따라가서도 생명력 있는 시를 만들어낼 수 없다. 전체와 개인의 미묘한 긴장과 조화, 이것이 좋은 시가 나오는 조건이다.

동그라미와 지속성

고대 로마 시대에 지어진 원형극장이 유럽 곳곳에 남아 있다. 그런데 재미있는 것은 원형극장이 시간에 따라 다른 모양으로 변신하며 살아남았다는 사실이다. 때론 시장으로, 때론 광장으로, 때론 마을로 말이다. 원형극장은 어떻게 이토록 오래 살아남은 것일까? 거기에 버티고 서 있으니 사람들이 어쩔 수 없이 재활용한 것일까 아니면 보다 더 근원적인 이유가 있는 것일까? 혹시 극장이든, 시장이든, 마을이든, 광장이든 쓰임새의 차이를 넘어서 이들이 지향하는 공통적인 이상이 이면에 깔려 있는 것은 아닐까?

그 이상은 무엇일까? 다시 원 이야기로 돌아가보자. 원형극장에서 시작된 공간은 기능의 변화를 거치면서도 대체로 원형을 유지한다. 도곤족이 춤을 추거나 우리가 강강술래를 할 때 동그라미를 그리는 것과 유사한 이유다. 원형은 그 건물 안에 선 모든 이에게 공평한 형태이자 모든 이가 리더가 되는 형태이다. 또 원의 안쪽을 보면 중심이 존재하기에 소속감을 주되, 돌아서서 원의 바깥쪽을 보면 지평선이 눈에 들어오니 중심과 바깥이 서로 균형을 이룬다. 공동체뿐 아니라 지평선이 가리키는 미지의 세계로 나아가 새로운 질서를 수립할 개인의 존재도 함께 조명한다.

이런 이상적인 삶의 원리를 담아내는 동그라미의 한 표현이 원형극장이었다. 사람들이 빈 땅에다 새로 시장을 세우는 대신 고대 원형극장을 다시 재활용한 이유는 시장도 극장도 다 원형의 형태가 담아내는

이상적인 삶의 표현으로 보았기 때문이다. 다시 말해 시장과 원형극장 사이에 존재하는 공통분모를 본 것이다. 한 마을을 이루려고 했던 사람들도 마찬가지다. 원형을 바탕으로 마을을 만들면 민주적인 공동체를 형성할 수 있기에 원형극장을 그대로 이용한 것이다.

 친환경 건축물을 지을 때 광패널, 지열시스템, 녹색지붕, 풍력발전기 등을 이용하는 것보다 더 중요한 사실이 있다. 궁극적 친환경은 삶의 방식에 관심을 가질 때 가능하다. 어떻게 하면 인간관계를 원활히 담아내 공동체를 유지하면서도 개인의 개별성을 살릴 수 있을지 고민하는 것이다. 공동체와 개인 사이에 균형을 잡아주는 건축물과 도시는 어떻게 생겼을지 지혜를 모아가는 것이다. 이런 삶의 방식을 끌어안는 건축과 도시는 세부적인 쓰임새가 바뀌어도 끊임없이 재활용돼 가장 친환경적인 풍경을 만든다. 개인과 공동체가 균형 잡힌 삶은 우리가 꿈꾸는 이상이다. 이 이상을 실현하는 풍경이 사회를 지속시킨다.

네 번째 이야기
지속하는 풍경

자연으로 돌아가자?

프랑스 아벤 강가 고요한 숲 속에 뜬금없이 한 여인이 팔베개를 하고 누워 있다. 수평으로 몸을 누인 여인과 수직으로 곧추 서 있는 나무가 대비된다. 그 뒤편으로는 아벤 강의 물줄기가 유려하게 흐르고 있다. 에밀 베르나르(Emile Bernard, 1868~1941)가 그린 〈사랑의 숲 속의 마들렌〉 이야기다. 수평으로 누워 있는 여인과 수평으로 흐르는 물 사이를 직립한 나무들이 메우고 있는 구도이다. 화가의 의도야 정확히 알 수 없지만 이 그림에는 '성性'에 대한 은유가 암묵적으로 깔려 있다. 물과 나무가 만나 굵은 가지가 올라오고, 거기서 다시 잔가지가 나고, 잔가지에서 잎과 꽃이 피어나는 모습은 세속적인 쾌락을 도모하는 도구로서의 성이 아니라 생명을 잉태하는 생산력으로서의 성을 일깨워준다.

그런데 왜 이 여인은 외딴 숲에 홀로 누워 있는 걸까? 이 여인은 자연으로 귀의하고자 하는 문명 세계의 여인을 상징한다. 현대인은 문명

의 편리함을 누리면서 동시에 상실감, 불안감, 위기감에 끊임없이 시달린다. 이런 현대인에게 문명 세계의 대안으로 등장하는 것이 바로 자연으로의 회귀다. 여기서 자연과 문명 사이에 대립 구도가 처음으로 등장한다. 문명은 오염된 반면 자연은 정결하다. 순수자연은 문명에 찌든 때를 씻어주는 정화제다. 이 여인은 문명 세계에서 잃어버린 생산력을 회복하고자 꼿꼿하게 선 나무와 나긋하게 흘러가는 강물이 만나는 자연으로 돌아간다. 이 그림에는 때 묻지 않은 숲 속에 누워 생명을 잉태하는 힘을 확인하고 되찾으려는 의미가 담겨 있다.

문명 세계의 대안으로 자연만 떠오른 것은 아니다. 원시사회에 대한 동경도 마찬가지다. 원시를 뜻하는 'primitive'의 어원은 '때 묻지 않은 순수함'이다. 실제로 19세기 말~20세기 초에 원시주의primitivism의 흐름이 있었다는 것은 널리 알려져 있다. 서구의 문명사회를 떠나 타이티 섬에 정착한 고갱은 따스한 햇살과 때깔 고운 열대 과일이 넘쳐나고, 근심 걱정 없는 원시인들이 진귀한 동물들과 어울려 사는 에덴동산으로 타이티 섬을 묘사했다. 고갱의 그림을 본 많은 유럽인이 원시사회를 동경했다.

이 시기 아프리카 대륙도 재발견된다. 검고 윤기 있는 피부에, 입술이 두툼하고 젖가슴이 풍만한 아프리카 여인은 어머니와 같은 대지의 화신이었다. 아프리카 남성도 달리 보았다. 태양에 그을린 흑갈색 피부에 티 없이 웃으며 벌거벗고 정글을 쏘다니는 모습은 때 묻지 않은 순수한 상태 그 자체였다. 문명사회에서의 삶이 기계화되고, 제어되고, 규격화된 것이라면 원시사회에서의 삶은 즉흥적이고, 꾸밈없고, 천진난만

한 것이었다.

비슷한 이유에서 어린아이의 세계도 재조명되었다. 파울 클레(Paul Klee, 1879~1940)는 이 세상을 혼돈에 가득 찬 위기의 세계라고 진단했다. 스스로 똑똑하다고 여기는 어른들이 만들어가는 세계는 점점 더 혼란에 빠진다. 어른들은 순수하지 않기 때문이다. 이들에게 순수 창작은 애당초 존재하지 않았고, 무언가를 위한 수단으로서의 창조 활동만 존재한다. 클레는 어린아이의 세계에서 진정한 순수 창작을 발견했다. 그림과 글자의 경계가 없고, 기존 형식에도 매이지 않는 파격적인 형상과 색채는 이러한 배경에서 탄생했다.

선이 면이 되고, 면이 다시 입체가 되고, 그러다 저들끼리 겹친다. 아래에 툭 그려 넣은 선 몇 개와 화면 중간에 자리 잡은 점 네 개는 힘 하나 안 들이고 두 사람을 화면에 불러들인다. 이 사람들이 선인지, 면인지 아니면 입체의 몸을 가진 건지 모르겠다. 입체 안에 있는지, 입체 바깥에 있는지, 입체를 짊어지고 있는지 영 애매하다. 서로 맞대고, 위아래로 교묘하게 포개져 있다.

이런 구성은 세상에 대한 일침이었다. 어른들이 이성의 이름으로 세상을 재단하고 구분하며 수단으로 전락시킬 때, 클레는 군더더기 없이 모든 것이 서로 이어지며 의지하는 현상계 이면의 초월적 세계를 포착했다. 이런 세계를 추구하는 그에게 어린아이들은 문명 세계 속에 살아 있는 원시인이 아니었을까? 다섯 살짜리 아들이 다시 보이고, 그의 그림이 다시 읽히는 이유다.

빌라

시골에서 올라와 빌라로 불리는 연립주택에서 살았던 적이 있다. 지하 1층부터 3층까지 전부 여덟 가구가 같은 계단을 공유하며 살았다. 주택 200만 호를 공급하겠다는 어느 대통령의 공약을 이행하기 위해 주택 필지가 합병되고, 우후죽순으로 연립주택이 들어선 때였다. 도심마다 닥지닥지 들어찬 연립주택에 대자연을 배경으로 지어진 대저택을 뜻하는 빌라라는 거창한 이름을 갖다 붙였다. 이것을 한국적 변형이라고 해야 할까.

빌라는 순수자연에 대한 인간의 환상이 만들어낸 산물이다. 자연과 문명의 대비 구도에서 등장한 주택 형태로 '자연으로 돌아가라'는 표제에 가장 적합한 건축물 중 하나였다. 르네상스 초기 이탈리아 피렌체를 중심으로 새로운 경향이 나타난다. 부를 축적한 이들은 주말만이라도 번잡한 도시를 벗어나 깨끗한 물과 맑은 공기를 마시고 싶어 했다. 그들은 마차로 한 시간 내에 도착할 수 있는 곳에 대지를 매입하고 저택을 짓기 시작한다. 빌라는 도시에서의 삶을 잊을 수 있는 안식처로 등장했다. 이렇게 보면 도시란 어쩔 수 없이 모여 사는 필요악必要惡과 같은 거주지였다. 외딴곳에 떨어져 가족끼리 오붓한 시간을 보내거나, 자연 속에서 홀로 유유자적하는 것이 선善이었다.

르네상스 시대에 활동한 건축 이론가들은 이런 이상을 반영해 숲 속 탁 트인 언덕 위에 빌라를 지으라고 했다. 바람이 잘 부는 언덕 위에 집을 지어야 신선한 공기를 들이마실 수 있기 때문이다. 언덕은 낮

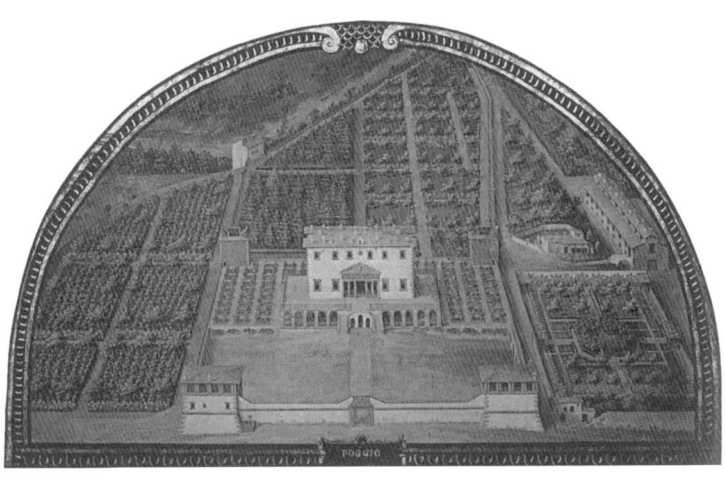

선 이의 접근을 포착하기에도 유리한 장소였다. 빌라의 뒤뜰에는 대개 테라스가, 너머로는 포도밭이, 그 뒤로는 야산이 있었다. 테라스에서는 자연을 조망하며 산꼭대기에서 불어오는 바람을 즐겼고, 포도밭에서는 포도를 가꾸어 술을 제조했다. 포도밭 너머 야산도 그냥 있는 게 아니었다. 야산은 말을 몰아 산짐승들을 찾아다니며 활을 쏘고 창을 던지는 사냥터였다. 이곳에서 사람들은 피를 흘리며 죽어가는 동물로부터 생명의 힘을 느끼고 기운을 충전했다. 어찌 보면 비정하지만 사냥터는 인간이 야성의 피를 흘리는 자연과 만나는 장소였다.

님피엄

어둡고 깊은 동굴 속에서 생명수를 따라주는 반라의 젊은 여인으로 형상화되는 님프Nymph도 빌라 건축과 관련 있다. 빌라 건축 초기에 우물은 중요한 요소였다. 생명수가 흘러나오는 곳을 암시하는 우물은 '자연으로의 회귀'라는 빌라의 이상을 가장 잘 드러낸다. 우물은 대개 테라스와 밭 또는 테라스와 야산이 만나는 지점에 있는데, 이곳에서 길어온 생수를 마시는 것은 특별한 의미가 있었다. 몸을 정화해주는 생명수를 마시는 이 순간이 바로 자연으로 돌아가라는 가르침을 가장 충실하게 실행하는 때였다. 이 물을 욕조에 받아 뒤뜰의 자연을 보며 우아하게 목욕하면서 도시에서 찌든 몸과 마음을 씻어냈다. 이 물을 부엌으로 길어다 요리했으니, 음식 한 점을 먹을 때에도 자연의 기운을 고려했다.

시간이 흐르면서 우물에 장식이 가미됐다. 처음에는 아치 모양의 구조물로 우물을 장식했고 이어 샘물이 솟아나는 동굴을 흉내 낸 구조물을 설치했다. 르네상스 시대에 지어진 이런 인공 동굴은 생명수를 뿜어내는 여신 님프가 동굴 속에 산다는 그리스 신화에서 영감을 받은 것이기도 하다. 사람들은 자연의 생명력과 창조력의 화신인 님프가 우물 또는 약수터마다 한 명씩 있다고 믿었다. 님프의 그리스어 어원은 '베일을 쓴 신부'를 의미한다. 님프는 결혼 적령기에 이르러 생명을 잉태하고 낳을 준비가 되어 있는 여인이다. 또 다른 의미는 '터질 듯한 장미 꽃송이'다. 님프는 막 피려는 한 떨기 꽃인 것이다. 사람들은 이런 인공 동굴이 님프가 사는 곳을 보호한다는 의미에서 님피엄Nymphaeum이라 불렀다.

동굴이 이처럼 님프가 사는 곳으로 인식되면서 어둡고 깊은 땅속 세계도 신비의 대상으로 등장한다. 어두운 세계에 대한 동경은 계몽주의가 주장하는 이성 중심의 명료한 세계관에 대한 반발이기도 했다. 계몽주의 아래에서는 모든 것이 범주로 정리되고, 설명되고, 분리된다. 반대로 동굴 안에서는 모든 게 흐릿하다. 사물의 윤곽이 사라지고, 있는 듯 없는 듯 어둠 속으로 스며든다. 어두운 동굴과 지하 세계에 대한 동경은 고고학이 발달한 18세기에 들어서 실증적으로 확인된다. 지하를 파보니 정말 님프 같은 반라의 그리스 여인들이 잠들어 있었다.

이탈리아 건축가 조반니 바티스타 피라네시(Giovanni Battista Piranesi, 1720~1778)는 지하 세계를 무척이나 동경하던 사람이었다. 그에게 지하 세계는 인생의 밑바닥에서 신음하며 살아가는 걸인이나, 지적 장애인,

노숙자와 동물 들이 너 나 구분 없이 살아가는 곳이었다. 그곳은 계몽의 빛을 받지 못하고 도태된 자들이 뿜어내는 비계몽의 광기가 서려 있는 세상이었다. 계몽주의의 관점에서 보면 이곳은 패자들이 모여 사는 공간이지만, 이들이 패자라는 판단은 계몽주의의 편견일 뿐이다. 틀과 규칙, 제도의 노예가 되어 기계처럼 살아가는 계몽적 인간에 비하면 피가 끓는 인간다운 존재가 발붙였던 곳이 지하 세계인지도 모른다.

돌아갈 자연은 어디에?

빌라와 님피엄은 순수자연을 꿈꾸는 인간의 이상이 반영된 결과물이다. 이 이상이 현대에 다시 살아나고 있다. 최근 뜨고 있는 주말 주택 열풍 또한 르네상스 시대에 일어났던 순수자연, 무공해 자연에 대한 동경의 변형된 표현이다. 왜 이런 열풍이 지금 되살아난 것일까? 문명 세계에서 누리는 편리함만큼이나 그 폐해도 만만치 않다는 반증일 것이다. 사회문제는 날로 흉악해지고 경제적 불확실성은 점차 증폭되는 세상에서 오늘도 미어터지는 출근길 전철을 탈 때, 순수자연은 도피처처럼 우리 가슴팍을 파고든다.

환경뿐 아니라 우리 육체와 정신도 어느새 병들었다는 사실을 인정해야 한다. 그럼 병든 우리가 돌아가야 할 순수하고 청정한 자연은 어디에 있을까? 브라질 아마존 강을 따라 무작정 정글로 들어가면 될까? 빛깔 찬란한 열대새가 있고, 알아서 자라는 과일나무도 있기에 처

음에는 아담과 하와처럼 뛰놀 수 있을지도 모른다. 하지만 이는 오래 못 간다. 열대새와 과일만 있는 것이 아니라 악어, 독사, 모기, 기생충, 거머리 그리고 독거미도 같이 자란다는 것을 금방 깨닫게 된다. 낙원인 줄 알았는데, 목숨을 부지하기조차 힘이 든다.

유럽의 문명을 탈출해 고갱이 숨어들었던 타이티 섬은 에덴처럼 그려져 있지만 실상은 달랐다. 고갱은 자기 그림의 가치를 높이기 위해 의도적으로 타이티 섬을 미화했다. 고갱도 사람들의 손때가 묻지 않은 순수한 에덴은 존재하지 않는다는 것을 잘 알고 있었다. 그래서 그의 에덴은 타이티 섬이 아니라 그의 그림 안에 있는 타이티 섬에 있었다.

최후의 제국

많은 이의 사랑을 받았던 다큐멘터리 〈최후의 제국〉이 떠오른다. 시청자들은 제작팀과 솔로몬 제도의 아누타 섬 주민들이 이별하는 장면을 여전히 잊지 못할 것이다. 한 달을 지내고 떠나는 제작팀을 위해 부끄러움도 모른 채 눈물 콧물 흘려가며 기도해주는 주민을 바라보자니 인간의 본디 모습을 고민하게 된다. 제작팀이 뗏목같이 허름한 배를 타고, 일주일 넘게 별의 인도를 받으며 도착한 아누타 섬에서 발견한 것은 때 묻지 않은 자연이 아니라 때 묻지 않은 인간이었다.

투명한 바닷물에 둘러싸이고, 한쪽에는 고운 모래가 깔린 해변이 있고, 야자수가 자라는 따뜻한 그곳은 고갱이 그린 타이티에 버금가는 아름다운 섬이었다. 하지만 이런 겉모습과는 달리 아누타 섬도 유토피아는 아니었다. 1년에 여덟 번 이상 몰려오는 태풍을 견뎌야 한다. 누군가는 바다에 나갔다 목숨을 잃었다. 농사지을 땅도 없어 먹을 것조차 넉넉하지 않다. 하지만 이 척박한 풍토가 오히려 섬사람들을 하나로 묶어줬다. 태풍이 지나간 뒤 야자수 줄기를 엮어 이웃집을 보수해주고, 파도가 거세 바다에 못 나가는 날에는 함께 돌담을 쌓아 그 안에 갇힌 물고기를 잡아 나누어먹고, 바다에 나가 목숨을 잃은 이의 아이는 입양하여 내 아이처럼 키웠다. 바깥 세계에서 온 제작팀을 저녁에 초대하고는 손님들이 넉넉하게 먹기를 기다렸다가 남은 것이 있으면 그제야 자기들이 먹었다. 무엇보다도 제작팀이 섬을 떠날 때 그들이 흘린 눈물은 순수한 인간애 그 자체였다.

　순수자연은 허상이다. 모가지를 본격적으로 쳐든 문명의 폐해 때문에 여기저기서 숨소리가 고통스러워질 때, 그 틈을 타고 순수자연이라는 가상의 이미지가 아스피린처럼 등장한다. 고갱이 그린 타이티 섬의 진짜 모습이 궁금해진다. 그곳의 자연이 아름답게 그려진 만큼 실제로는 얼마나 척박한 곳이었을까? 또 그 척박함을 이겨내기 위해 섬사람들은 얼마나 순수하게 살고 있었을까? 바로 고갱이 그리지 못한 대목이다.

문명사회의 종착점

사람들은 언제부터 문명 세계를 떠나 원시사회로 숨어들고 싶어 했을까? '때 묻은 문명'과 '때 묻지 않은 원시'의 구분은 언제 등장한 것일까? 현대를 살아가는 나는 왜 항상 불안한 것일까?

이를 이해하기 위해서는 16세기 스페인과 포르투갈이 주도한 해상 정복의 시대로 거슬러 올라가야 한다. 당시 이들을 필두로 영국, 프랑스, 네덜란드, 벨기에 등 유럽 국가들 사이에 경쟁적인 식민지 개척이 시작되었다. 그 시기, 유럽인의 의식에 그들과 다른 인종과 세계가 등장한다. 유럽인은 이들을 '원시적primitive'이라 표현했다. 이어 primitive의 어원인 '때 묻지 않은 순수함'은 퇴색되고, 저급한 삶을 살아가는 미개인을 가리키는 말로 뜻이 바뀌었다.

서구는 밖으로는 식민지를 개척하여 물질적 부를 축적하고, 안으로는 이성주의를 바탕으로 한 진보를 부르짖으며 문명의 꽃을 피워나간다. 칸트는 유럽인에게 이성을 사용할 용기를 가지라고 권면한다. 관습적으로 믿고 의심 없이 받아들이는 군중으로부터 개인을 떼어내고, 우둔한 군중과 깨어 있는 개인 사이의 극명한 대비 구도를 만든다. 진정으로 한 인간이 '개인'이라면 그는 관습, 권위, 편견 등을 분연히 떨치고 일어나야 한다. 이성주의는 이처럼 의심을 연료로 작동한다. 우리에게 주어진 것이 전통이든, 유산이든, 역사든 일단 거부한다. 이런 것들은 편견의 다른 이름일 뿐이다. 원시인은 이런 각도에서 보면 이성이 없고, 의심할 줄 모르기에, 개인으로서 가치가 없는 미개한 인간이다.

이성주의의 입장에서 보면 역사란 진보하는 것이다. 어제 이뤘던 것을 부정함으로써 오늘이 있고, 다시 오늘을 부정함으로써 내일이 있다. 역사는 미래를 향해 달려가고, 이성이 성취할 수 있는 물질적, 기술적 진보에 한계는 없다. 그런데 여기서 문제가 생긴다. 이렇게 역사를 이해하면, '현재'란 항상 비고정적이다. 언제든 다른 것에 의해 대체될 것이기 때문이다.

카세트를 살 것인가 말 것인가 고민이 된다. 곧 시디플레이어가 나올 것이기 때문이다. 시디플레이어를 사려니 또 고민이 된다. MP3 플레이어와 같이 디지털 파일을 사용하는 기기가 곧 출시될 것이라고 신문에서 떠들어대기 때문이다. 쌓이는 것은 쓸 만한 쓰레기들이다. 현재는 항상 미래에 쫓긴다. 현재에 대한 불만족과 불신이 문명사회의 한 속성이다. 채워진 것에 대한 감사보다 채워지지 않은 것에 대한 욕구가 충만한 것이 문명이다.

문명화의 치명적인 문제는 공짜가 아니라는 데 있다. 쉼 없는 변화와 진보의 신화 속에서 지구는 끊임없이 자원을 뱉어내야 한다. 그야말로 다 쓴 치약을 마지막까지 쥐어짜듯이 지구의 표피며 땅속을 샅샅이 뒤져 자원을 채굴해낸다. 자원을 놓고 이웃 나라와 일촉즉발의 전쟁 상황으로 치닫기도 한다. 마실 물은 오염되고, 공기는 탁해지고, 이상기후로 더욱 포악해진 홍수나 태풍이 불현듯 덮친다. 기술 또한 발달할수록 감당하기 어려운 난제와 피해를 몰고 온다. 히로시마에 투하된 원자폭탄 'Little boy'는 한순간에 10만 명의 사람을 희생시켰고, 도시 전체를 잿더미로 만든 것도 모자라 방사능 유출로 세대를 넘어서는 병마를 남겼다. 요즘의 원자폭탄은 Little boy의 2만 배에 해당하는 위력을 가졌다고 하니, 하나만 터져도 어떤 일이 벌어질지 누구도 상상하기 어렵다. 이러한 문명의 작동 원리가 바로 현재 생태계 위기의 원인이다.

순수자연이 아니라 풍토

시시각각 변하는 순간을 추상화해 우리는 시간이라는 개념을 만들었다. 마찬가지로 차거나 따뜻하고, 어둡거나 밝은 장소를 추상화해 공간이라는 개념을 규정한다. 자연 역시 우리가 일상에서 경험하는 풍경과 풍토를 추상화해 만들어낸 개념은 아닐까. 특히나 서구의 자연과학 전통 위에서 이는 더욱 사실에 가깝다.

공간이 있기 전에 장소가 있듯이, 자연이 있기 전에 풍토가 있다. 풍토는 단어만 들어도 살갗에 바람과 빛, 빗물 등이 느껴지는 듯하다. 이런 느낌은 일상에서 다양한 양상으로 드러난다. 하늘에 낀 먹구름을 보고 마당 빨랫줄에 널어둔 옷가지가 떠올라 뛰어가는 아낙네의 모습은 우리가 잃어버린 풍토적 모습이다. 하늘에 낀 먹구름과 후다닥 뛰어가는 아낙네는 같이 보아야 하는 동전의 앞뒷면과 같다. 먹구름 그 자체가 자연과학에서 이야기하는 객관적 사실로서의 자연이라면, 먹구름과 얽힌 삶을 살아가는 아낙네는 풍토로서의 자연을 체험한다. 즉 풍토란 인간과 자연이 어떻게 엮여 있느냐에 관한 것이다.

기계화되고, 밀폐되고, 인공적인 새료로 도배된 현대적 공간은 먹구름과 삶을 저만치 떼어놓는다. 바깥에 먹구름이 끼든 말든 이 공간 안에 있는 내 삶과는 무관하다. 어떻게 먹구름과 삶을 다시 엮어줄 수 있을까? 어떻게 풍토적 순간을 회복할 수 있을까? 풍토적 순간을 회복하는 디자인, 이것이 바로 친환경 시대를 살아가는 우리가 천착해야 하는 주제다.

풍토를 이기는 기술은 없다

1930년대 초 어느 유명한 건축가가 표면을 이중 유리 막으로 둘러싼 건축물을 설계했다. 막과 막 사이는 비워서 공기층을 두었는데, 바깥 공기의 영향을 덜 받으려는 의도였다. 또 건축물 내부는 기계를 사용해 일 년 내내 온도는 18도, 습도는 65퍼센트로 유지하여 가장 이상적 환경을 구현하려고 했다. 그런데 공사비에 문제가 생겨 두 개의 유리막 중 하나만 설치했다. 유리 막 문제만 빼고는 원래 계획대로 창 하나 없이 매끈한 유리 건물이 탄생했다. 사진가를 불러 사진을 찍으니, 더 멋이 났다. 사람들은 반짝반짝 빛나는 크리스털 같은 건물을 보며 연신 찬사를 보냈고, 건축가는 날아오를 듯 기분이 좋았다.

　여름이 되자 문제가 터졌다. 건물이 온실로 변한 것이다. 온실에 갇힌 사람들은 머리를 쥐어뜯고, 동료에게 고함을 지르거나, 조금만 몸이 닿아도 싸우는 지경에 이르렀다. 참다못한 젊은이가 옆에 있는 화분을 집어 들고 유리를 향해 힘껏 내던졌다. 도기질 화분은 유리와 부딪치더니 얇은 얼음장을 깨부수듯 유리를 깨뜨리고, 아이 얼굴만 한 구멍을 뚫어놓았다. 내부를 채우던 뜨거운 공기가 일시에 소리를 내며 구멍으로 빠져나갔고, 사람들은 공기의 움직임을 피부로 느꼈다. 꽉 막혔던 숨통이 트이자 사람들이 환호성을 질렀다. "아, 바람이다! 이젠 해방이다!"

　시市는 건축가에게 건물을 다시 디자인하라고 시정 명령을 내렸다. 건축가는 부분적으로 개폐할 수 있는 창을 내고, 처마처럼 판을 내달아 햇빛을 차단해 그늘이 지게 했다. 보석같이 매끈한 외관에 기계로 실내 환경을 통제하는 건축물을 꿈꾸었던 건축가에게 손으로 열고 닫는 창과 덕지덕지 붙은 처마는 미관을 망치는 요소에 불과했다. 그는 미학에 젖어 최초 계획 단계에서 사람들의 삶을 놓치는 오류를 범했던 것이다. 건물은 다시 태어났고, 바람이 들고 나갈 때마다 사람들 얼굴에는 미소가 떠나질 않았다.

이 건축가가 처음 제안했던 이중 유리 구조는 외부와 상관없이 균질한 실내 환경을 구축하려는, 기술을 통한 풍토 극복을 의미한다. 이와는 반대로 개폐창을 내고, 처마를 만드는 것은 풍토 안에 있는 기술을 의미한다. 기술을 버리자는 주장이 아니다. 풍토 위에 있던 기술을 풍토 안에 있는 기술로 재정립하자는 의미다. 결국 풍토를 이기는 기술은 없기 때문이다.

인형들의 가족사진

어느 날 인형들과 사진을 찍었다. 할아버지와 할머니 인형, 아빠와 엄마 인형, 오빠와 누나 그리고 동생 인형, 삼촌과 숙모 인형, 사촌들의 인형…… 이렇게 더해보니 24명이 되었다. 이 인형들은 누구일까? 나는 왜 그들을 인형이라고 부를까?

설계하던 주택의 공사가 시작된 지 몇 개월이 흘러 드디어 목조 구조체를 세우는 날이었다. 통화만 하고 도면이 오갈 때는 몰랐는데 펜실베이니아에서 13시간을 달려 대지에 도착하고 보니, 목조 구조체를 세울 이들은 놀랍게도 아미시Amish 일가족이었다. 아미시는 보수적인 프로테스탄트교회의 한 교파인데, 새로운 문명을 거부한 채 살아간다. 이들은 운전을 하지 않기 때문에 기사를 고용해 15인승 버스 두 대에 나누어 타고, 오하이오에서 이곳까지 달려왔다고 한다. 우리 가족처럼 머나먼 길을 달려온 것이다. 사교성이 좋은 딸은 신이 났다. 또래 여자 아이들과 그새 친구가 되어 같이 소꿉놀이를 하고 산길을 뛰어다닌다.

공사를 다 마무리하고, 다 같이 모여 사진 한 장을 찍었다. 노스캐롤라이나 산중에서 일주일을 함께 보내며 일을 잘 마무리했기에 안도감과 아쉬움이 교차하던 때였다. 아미시 사람들은 유별난 존재로 취급당하는 게 싫어 사진 찍기를 꺼린다고 알려져 있지만, 공사 기간 동안 가족처럼 지냈던 건축주 부부가 요청하자 선뜻 응했다. 건축주 부부, 공사 담당자와 구조 기술자 그리고 우리 가족이 앞줄에 자리를 잡고 앉았다. 뒤로 아미시 할아버지와 할머니가 서고, 그들의 네 아들이 부인

과 아이들을 좌우로 거느리고 나란히 줄지어 섰다. 사진에 재주가 많은 건축주 아들이 이 특별한 사진을 완성했다.

사진을 볼 때마다 아미시 아이가 딸에게 보여줬던 인형이 기억난다. 희한한 인형이었다. 인형 하면 보통 우리는 팔등신 금발 미녀나 화려한 드레스를 입은 공주를 떠올린다. 그런데 아미시 아이가 보여준 인형은 전혀 달랐다. 눈, 코, 귀, 입이 없는 얼굴은 그저 동그란 풀빵 같았다. 솜을 집어넣어 만든 눈사람 같은 몸체에 파란색 원피스를 입히고 헝겊 모자만 걸쳤을 뿐, 그 흔한 장식 하나 없고 의상도 소박하다 못해 초라할 정도였다. 이들의 세계에는 공주가 없는 것이 분명했다.

기회를 잡아 잠시 쉬고 계시던 할아버지께 이유를 살짝 물어보았다. 독일어 악센트가 배어나는 영어로 친절히 설명해주신다. 듣고보니 아이들이 가지고 노는 인형에도 이들의 종교적 실천이 담겨 있었다. 하나님은 사람의 외모를 보지 아니하고, 그의 마음을 보시기에 인형을 만들 때도 외모가 드러나지 않도록 만든다는 것이다. 성경을 제대로 읽어본 적 없는 이도 하나님이 외모로 사람을 판단하지 않고, 마음을 본다는 이야기는 잘 알고 있을 것이다. 그 가르침이 장난감에도 한결같이 반영되어 있다니 정말 놀라웠다. 아미시 사람들은 일상의 작은 부분에서도 외형이 본질을 가로막지 않도록 실천하고 있었다.

이 가족사진을 볼 때마다 얼굴 없는 24명의 인형이 서 있는 것 같다. 어린아이들을 보고 있을 때면 진짜로 아미시 인형을 마주하는 것 같은 착각마저 든다. 아직 성인이 되지 않아 일을 할 수 없는 남동생 대신 아버지를 돕던 큰딸과, 누이 덕에 한편에서 도스토옙스키의 『죄와

벌』을 읽으며 묵상하던 십 대 남동생이 떠오른다. 인형들과 사진을 찍었다니 지금 생각해도 신기할 따름이다.

아미시의 콧수염

콧수염 하면 떠오르는 사람이 살바도르 달리다. 이른바 달리 스타일이라고 불리는 그의 콧수염은 17세기 스페인에서 활동한 화가인 디에고 벨라스케스의 양옆으로 치켜 올라간 수염을 더 정교하게 다듬은 것이다. 얇실한 게 언뜻 고양이 콧수염 같다. 이를 즐기려는 듯 달리는 어깨에 고양이를 태운 채로 사람들 앞에 등장해 자신과 고양이 얼굴을 나란히 대고 포즈를 취하곤 했다. 이런 멋들어진 수염을 관리하기 위해 달리가 쏟은 정성은 이만저만이 아니었을 것이다.

이런 이유로 콧수염을 경계하는 이들이 있다. 바로 아미시 남자들이다. 턱수염을 기르는 사람은 있으나 콧수염을 기르는 이는 하나도 없다. 턱수염은 자라도록 내버려두면서 왜 콧수염은 깎는 것일까? 이들에게 콧수염은 허영의 상징이다. 콧수염을 기르기 시작하면 삶이 바뀐다. 거울 앞에 서서 모양을 다듬고, 기름을 바르는 시간이 길어진다. 외출하기 전에 콧수염이 잘 정돈되어 대칭은 맞는지, 때깔은 어떤지 꼭 확인해야 한다. 왁스, 면도기, 가위, 기름, 빗 등 콧수염을 관리하는 데에 필요한 기구들이 화장실 세면대에 쌓이고, 혹 누가 멋진 콧수염을 하고 나타나면 그는 어떤 기구를 쓰는지 신경이 쓰인다. 그래서 아미시 남자

들은 콧수염을 말끔하게 밀어낸다. 아이들이 밋밋한 풀빵 같은 인형을 가지고 놀듯이, 어른들은 콧수염 없는 얼굴을 하고 산다.

아미시, 친환경, 지속성

아미시 사람들은 우리처럼 시끌벅적하게 친환경 구호를 외치지 않지만 삶 자체는 지극히 친환경적이다. 자기를 드러내지 않고, 남들과 비교하지 않는 이들에게 없는 것이 있다. 바로 텔레비전, 라디오, 컴퓨터 같은 가전제품이다. 이들이 전기를 아끼려고 이런 제품을 사용하지 않는 것은 아니다. 쉬지 않고 흘러나오는 광고가 불필요한 소비를 부추기기 때문이다.

그렇다면 아미시 가정에 전화기는 있을까 없을까? 되도록 전화기를 두지 않으려 하지만 필요하면 헛간에다 놓아 일부러 전화기를 사용하기 어렵게 한다. 전화기로 이웃이나 친구와 시도 때도 없이 대화를 나누다보면 나도 모르게 헛말을 내뱉거나, 남에 대한 쓸데없는 이야기로 빠지기 쉽기 때문이다. 마당을 지니 들판에 자리한 헛간에 전화기를 두는 것도 실은 겸손한 마음가짐으로 세상을 살고자 하는 의지이다.

그들이 종교적 가치인 겸손을 실천하며 자연스레 에너지를 절약하며 사는 것도 주목할 만하지만, 300년이 넘는 기간 동안 공동체를 성공적으로 유지하고 있는 점은 더욱 놀랍다. 지금까지 정체성을 지키며 살아온 것도 대단한데, 행복이 묻어나는 그들의 얼굴을 보면 아미시 공동

체는 적어도 수백 년은 더 갈 것 같다. 권력에 취한 왕이나 가난에 허덕이는 빈민층이 있는 것도 아니고, 서로를 감시하는 복잡한 사법 제도가 있는 것도 아니다. 이들은 토지를 소유하되 수확물을 나누는 아주 독특한 공동체를 구현한다. 70여 년의 역사를 가진 도요타가 수백 년을 이어갈 회사의 미래를 그려보며 맨 먼저 아미시 공동체를 연구했던 이유도 이 때문이었다.

아미시에게 중요한 것은 에너지를 아껴 지구를 얼마나 더 보존하느냐가 아니라 어떻게 하면 서로 어울려 살며 수백 년을 가는 공동체를 만들어가느냐이다. 우리가 아미시처럼 삼대, 사대가 함께 사는 방식을 따를 수는 없지만 모여 살기에 힘쓰는 것이 친환경의 궁극적 가치임을 배울 필요가 있다. 즉 친족과 모여 살지는 못 하더라도, 친구와 이웃과 모르는 사람과도 조화롭게 모여 살 수 있는 삶의 방식을 고민해야 한다. 나아가 집과 마을, 도시를 어떻게 만드는 것이 모여 살기에 적합한지 궁리해야 한다. 그러고 보면 도시란 고향을 떠나온 사람들이 서로 어울려 사는 곳이 아닌가. 시골로 귀향하여 빌라를 짓는 것도 중요하지만, 사람이 모여 살 만한 도시를 만들 때 친환경과 지속가능성이 완성된다.

차이와 풍경

사람은 '차이'에 끌린다. 우리가 이국에서 여행을 하다가 그곳 풍경에 빨려 들어가는 이유도 차이의 마력 때문이다. 몬순의 풍경에서 수십 년을 살아온 사람에게 여름날 그리스의 투명한 대기는 얼마나 색다르게 다가올까. 맨 앞에 선 산자락의 녹색 빛깔이 뒤로 갈수록 점점 엷어지다가 종국에는 희뿌연 파란색에 가까워지는 모습이 한국의 흔한 풍경이다. 이처럼 아련하게 층이 겹치는 풍경 속에 머물러 살던 사람에게 멀리 선 산도 바로 내 앞에 있는 듯 선명하게 눈에 들어오는 그리스의 풍경은 무척이나 신선하리라. 청명한 대기 속에서 사는 그리스인도 우리네 겹치는 산자락과 층을 따라 엷어지는 색조를 보면 감탄을 금치 못할 것이다.

바깥 풍경과의 조우는 그동안 무심코 지나쳤던 풍경을 재발견하는 계기가 된다. 바깥에 끌리는 데서 그치는 게 아니라 나를 감싸는 풍경이 어떤 점에서 독특한지 되돌아보게 한다. 이처럼 바깥의 풍경, 흔히 철학에서 말하는 '타자'의 풍경을 접하지 않으면 나를 안아주는 풍경의 아름다움과 독특함을 모른 채 살아갈 것이다. 나를 발견하는 것과 타자를 발견하는 것은 동시적 사건이다.

도시와 광장

대학교 입시 시험을 보러 서울에 처음 올라왔으니, 아무리 옛날이라지만 나는 촌뜨기 중의 촌뜨기였다. 서울역에 내렸을 때 눈앞에 펼쳐진 모든 것이 충격적으로 다가왔다. 먼저 몇 차선인지 쉽게 셀 수 없을 정도로 넓은 도로에 입이 딱 벌어졌다. 하늘 위로는 고가도로가 보였는데, 고가도로가 얼마나 튼튼하면 버스가 다 날아다닐까 싶었다. 고가도로 뒤로는 이전에는 본 적 없는 고층 빌딩이 떡 버티고 있었다. 내가 자란 시골 풍경과는 너무도 달랐다.

대학에 입학하면 서울로 올라와 살 수 있다는 생각에 가슴이 무척 뛰었다. 도시는 나를 꿈꾸게 하는 신세계였다. 나를 감싸던 풍경을 떠난다는 아쉬움만큼이나 새로운 인연을 기대하는 설렘도 컸다. 도시는 서로 다른 풍토적 환경에서 자라온 사람들이 만나는 장소다. 남, 즉 타자는 나의 부족함을 채워줄 뿐 아니라 나를 더욱 나답게 한다. 더러 철학에서 말하는 변증법은 이와 유사한 맥락으로 이해할 수 있다. 흰색과 검은색은 따로 떼어놓고 생각할 수 없다. 검은색 없는 흰색은 생동감 없는 흰색이고, 흰색 없는 검은색 또한 죽은 검은색이다. 이 둘을 같이 놓고 볼 때 그 안에 역동성이 깃들고, 새로운 것을 창조해내는 가능성이 싹트는 것이다.

요즘 광장에 대한 논의가 활발히 이뤄지고 있다. 도시의 여러 공간 중 타자와의 대면이라는 측면에서 가장 중요한 공간이 광장이다. 광장은 폐쇄적일 수 있는 공동체 사이의 지평을 열어주는 공간이다. 한 공

동체가 모일 수 있는 공간도 광장이라 부를 수 있겠지만 참다운 의미의 광장은 공동체 안에 있는 것이 아니라 공동체 사이에 존재한다. 내가 속한 공동체에서 벗어나 다른 공동체를 볼 수 있도록 시야를 열어주는 광장은 어느 특정한 공동체에 속하지 않으면서 동시에 모든 공동체를 아우른다. 공동체를 묶는 한 속성이 기나긴 세월 동안 공유해온 풍토라고 한다면, 광장은 공동체를 뛰어넘는 것이기에 초풍토적 공간이다. 이처럼 타자와 대면하는 곳이 광장이라면, 광장을 꼭 공간으로만 이해할 필요는 없다. 광장은 공간이기 이전에 사람 사이의 열린 관계를 이야기한다.

일상의 궤적과 광장

히틀러는 기존의 도심을 깨끗이 정리하거나 아니면 멀찌감치 떨어진 외곽에다 거대한 광장을 만들고 싶어 했다. 무한의 축을 따라 펼쳐지는 광활한 빈 공간을 군인들이 열병하는 이상적인 공간으로 바라봤다. 사열대 뒤로는 나치 휘장이 하늘에 퍼덕인다. 밤이 되면 일렬로 선 수십 개의 빛이 끝없는 우주로 날아간다. 빛의 궤적을 따라 무한대의 광장이 열리는 것이다. 무서울 정도로 거대한 빈 공간은 그 자체로 힘의 상징이다. 그 공간에 울려 퍼질 그의 일성은 허공을 막힘없이 통과하며 사병들에게 짜릿한 두려움을 불러일으켰을 것이다.

이런 히틀러는 사람을 무서워했다. 군대 갈 나이가 된 장성한 아들을 둔 어머니를, 배고픈 외동딸을 둔 아버지를, 손수레를 끌며 폐지를 줍는 노부부를 두려워했다. 둘밖에 없는 오누이가 모여 노는 것도, 철없는 십 대 소년들이 무리지어 다니는 것도, 고향 친구들끼리 만나 맥주 마시는 것도 싫어했다. 그들은 곁에 있는 사람이 부당하게 죽으면, 용수철이 순식간에 허공으로 튀듯 머뭇거리지 않고 불의에 맞설 민초들이었기 때문이다. 그래서 히틀러는 시민들이 모이는 광장은 죄다 폐쇄했다. 시민들이 나타나지 못하도록, 모이지 못하도록 만든 것이다. 히틀러의 통치가 끝난 뒤 봉쇄되었던 광장으로 뛰쳐나가 마음껏 소리치고, 춤추고, 에스프레소 한 잔을 앞에 두고 도란도란 이야기를 나눴을 때 유럽인들은 비로소 자유가 왔음을 느꼈다.

　이렇듯 진정한 광장은 민초들이 삶의 기쁨을 나누고 애환을 달래는 장소이자 때로는 역사적 변화가 시작되는 장소이다. 독재 권력이 두려워하는 도시 공간이 바로 이런 광장이다. 이곳에서는 위정자 자신이 아니라 시민이 힘의 원천으로 드러나기 때문이다. 철학자 한나 아렌트는 폴리스란 사람이 힘의 근원임을 인정하는 곳이라 말했다. 이는 비단 서양의 이야기만이 아니다. 조선 중기의 유학자인 조식(曺植, 1501~1572) 선생은 『민암부民巖賦』에서 백성이란 임금을 받들고 따르기도 하지만 나라를 뒤엎을 수도 있는 존재이기에 그 아픈 곳을 항상 살펴야 한다고 적었다. 민암 사상은 『서경書經』의 「소고召誥」에 있는 '백성이 바위임을 돌아보고 두려워하십시오顧畏于民巖'라는 문구에서 나온 것이다. 이는 왕이 잘못하면 백성이 갈아치울 수도 있다는 맹자 민본주의의 근거이기도 하다. 백성을 두려워하고 그들의 아픈 곳을 살피라는 말은 어느 지도자든 가슴에 새겨야 한다. 폭치(暴治)를 하는 독재자가 광장을 두려워하는 것은 당연하다.

이처럼 사람들이 모여드는 광장의 특징은 일상의 궤적과 일치한다는 것이다. 친구 집에 갈 때나, 일터로 향할 때, 장을 보러 갈 때 자연스레 지나치게 된다. 일상의 중심이 되는 것이다. 그렇기에 세상에 어떤 일이 벌어지는지 시민들의 목소리를 통해 알게 된다. 그래서 독재 권력은 일상의 궤적과 맞아 떨어지는 광장을 폐쇄하기 위해 그토록 애썼던 것이다.

광장을 만들어온 우리의 역사는 지극히 짧기에 이처럼 일상에 튼튼히 뿌리내린 광장을 기대하기에는 아직 이른 것 같다. 대부분의 광장은 삶터에서 떨어져, 권위적인 관공서 앞이나 길 한가운데에 덩그러니 섬처럼 자리하고 있다. 권력을 잡은 쪽은 이런저런 이유로 광장을 통제한다. 잔디를 심고, 연못을 만들고, 분수를 설치하고, 화단을 조성한 뒤 이런 시설들을 보호한다는 이유로 사람들의 자유로운 모임을 통제한다.

이제 시작이니 실망할 필요는 없다. 관공서 앞에 들어선 기념비적인 광장보다 삶터에 뿌리내리는 소규모 광장을 하나둘 만들어가야 한다. 광장은 시민들이 일 끝나고 집에 가다가 한번씩 들르는 곳이 되어야 한다. 그곳은 사람들이 많이 다니는 지하철역 앞이 될 수도 있고, 버스 정류장 옆이 될 수도 있고, 보행자들이 많은 곳의 한 어귀일 수도 있다. 한쪽에는 은행과 동사무소와 파출소와 선술집과 빵집이 모여 있고, 다른 쪽에는 아파트와 오피스텔이 있어 사람들이 항상 들락날락해야 한다.

일상의 궤적과 맞아떨어지는 광장은 상식이 통하는 소통의 장소가 된다. 광장이 삶을 담아내면 그곳에서는 섣부른 정치 선전이 통하지 않는다. 자기네끼리 모여 극단적인 주장을 퍼붓는 광장은 자화자찬과 증오로 가득찬 병든 장소이다. 우연히 이야기를 주워듣는 시민이 있어야 한다. 이 시민이 최종적인 판단자이다. 이들에 의해 말이 안 되는 정치 선전은 자연스럽게 도태되고, 말이 되는 정치 선전은 세를 얻어 현실을 변혁할 힘이 되는 것이다. 정치집단끼리 싸우고 급기야 폭력을 동원하는 불행한 사태가 가끔 귀에 들어온다. 이런 사태의 부분적 원인은 시민이 배심원 역할을 할 수 있는 도시 공간이 존재하지 않는 탓도 있다.

이미 들어선 기념비적인 광장들이 서울이라는 거대한 도시에 걸맞은 크기를 갖추었다는 점에서는 긍정적이다. 인구 천만의 도시 서울에는 십만 명이 모일 수 있는 거대한 광장도 분명 필요하다. 하지만 권위를 앞세우는 관공서 앞에 빈 운동장처럼 들어선 광장이나 도로 한가운데 고립된 대규모 광장은 바꾸어나가야 할 점이 많다. 관공서는 권위를 낮추고 시민을 받드는 곳으로 거듭나야 한다. 그리고 일상의 삶을 광장 안으로 끌어들이기 위해 노력해야 한다. 주변의 직장인이 점심을 먹고 나서 쉬다 갈 수 있는 곳이 되어야 하고, 가능하다면 점심을 싸 와 거기서 모여 먹을 수도 있어야 한다. 생활 속의 광장으로 가까이 다가갈 수 있도록 노력해야 한다.

잔디, 화단, 분수, 조각 등 많은 돈을 들인 조경 요소들이 공원을 만드는 데 필요한 것인지 아니면 광장을 만드는 데 필요한 것인지 따져볼 필요가 있다. 공원과 광장은 다르다. 산책하거나 의자에 앉아 쉬는 곳이 공원이고, 많은 이가 모여 의견을 개진하거나 한바탕 놀 수 있는 곳이 광장이다. 이런 광장을 녹색으로 채우는 것은 사실상 사람들이 모이는 것을 통제하겠다는 의미다. 겉으로는 민주적인 지도자라는 이미지를 쌓고, 안으로는 교묘하게 사람을 통제하는 것이다.

광장을 어떻게 꾸려갈 것인가는 우리의 마당에서 배워야 한다. 처마를 내고 툇마루를 두어 사람들이 그늘 아래 몸을 둘 수 있도록 하되, 가운데는 비운 게 우리 마당이다. 서양의 광장도 마찬가지다. 광장 주변에 아케이드를 두거나 천막을 길게 쳐 사람들이 그늘 안에서 에스프레소를 마실 수 있게 하되 가운데는 과감히 비운다. 겨울이 되면 사람들은 추운 아케이드 그늘에서 벗어나 너도나도 광장 한가운데로 나와 직사광선을 즐길 것이다. 이처럼 광장을 좋은 공간으로 만드는 것은 어렵지 않다. 저렴한 먹거리와 맥주, 커피를 파는 가게를 집어넣고, 그늘을 만드는 가로수를 주변에 심고, 가운데는 과감히 비우면 된다. 그 마당에서 천막을 치고 그늘을 만들어 놓든지 아니면 땡볕도 마다 않고 모임을 갖든지는 사람들이 알아서 할 일이다.

길과 아고라

삶에서 아쉬운 점이야 셀 수 없이 많지만 2002년 월드컵 당시 유학 중이라 한국에 없었던 건 두고두고 아쉬움으로 남는다. 안정환 선수의 골든골을 타국에서 지켜보았지만, 한국에서 사람들과 함께 보는 것만큼 짜릿했을 리 없다.

 영상을 통해 시청 앞을 가득 메운 붉은 인파를 보았다. 거실에 앉아 오징어 안주에 맥주를 들이켜며 축구를 보는 게 훨씬 편할 텐데도 사람들은 굳이 챙 넓은 모자를 뒤집어쓰고, 물을 챙겨서 길거리로 뛰쳐나왔다. 같이 소리 지르고, 아쉬워하고, 흥분하고, 좋아하면 모든 것이 배가되기 때문이다. 이들은 게임이 끝나고 난 뒤에도 도로를 따라 걸으며 목이 쉬도록 '대한민국'을 외쳤다. 길거리가 순식간에 축제의 장으로 변했다. 태극기를 몸에 두르거나 머리에 쓰고 당당하게 거리를 활보한다. 처음 보는 사람들도 모두 친구가 되어 어깨동무를 한다. 누군가 '대한민국'을 외치면 따라서 박수를 치고, 버스 기사 아저씨는 경적을 울려가며 흥을 돋운다. 거리의 축제가 부활한 것이다.

 차가 질주하는 거리를 처음 점유했던 이들은 월드컵 승리에 도취한 2002년의 젊은이가 아니었다. '새로운 건축을 추구하려면 원래 용도 대신에 다른 용도를 집어넣으라'고 누군가 말했다. 마치 수영장으로 계획되었던 건물을 교회로 바꾸는 것처럼 말이다. 그런데 삶의 현장을 돌아보면 실제로 이런 아이러니한 일들이 일어난다. 광주민주화운동을 기록한 사진을 보면 차가 달리라고 뚫어놓은 대로에 희뿌연 최루탄 가스가 자욱하다. 안개가 걷히고 나니 아직 산 자들은 손이 뒤로 묶인 채 배를 깔고 바닥에 누워 있고, 이미 생명이 끊긴 이들은 아스팔트 바닥에 등을 대고 하늘을 바라보며 누워 있다. 죽기에는 너무나 어린 젊은이들이다. 길바닥이 장례식장인데 상주는 보이지 않고, 무장한 군인들이 젊은이들을 툭툭 치고 다닌다. 세상에 이런 풍경도 흔하지 않을 것이다.

내가 대학에 들어가기 반년 전에 열렸던 이한열의 장례식도 시청 앞 대로에서 노제로 열렸다. 7만의 사람이 길이란 길은 다 채우고도 모자라 광화문과 남대문 쪽으로도 이어졌다. 차 다니는 대로를 빵빵 뚫었을 때, 그 대로가 이런 비극의 풍경을 담아내는 장소가 되리라고 누가 상상이라도 했겠는가? 역사의 변곡점들은 이런 아이러니가 만들어낸다. 기획된 공간의 의도를 깨고 예측하지 못한 사건을 담아내면서 역사는 앞으로 굴러간다.

대학 새내기 때 선배를 따라 서울역 앞에서 벌어진 데모 행렬에 참여한 적이 있었다. 그날 서울역의 대로는 먼 옛날 그리스의 아고라로 변했다. 차를 타고 다니던 대로에 발을 딛고 서는 기분은 짜릿했다. 사방에서 구름같이 모여드는 학생들은 모두 나보다 패기 있어 보였다. 누군가가 선창하는 구호를 따라 외치다 말고 고가도로의 배를 아래에서 올려다보니 묘한 기분이 들었다. 널따란 하늘이 고가도로에 잘린 채 눈에 들어오고, 그 위 허공으로 수만의 학생들이 질러대는 독재 타도의 함성이 메아리쳤다. 권력은 한 독재자에게 있는 것이 아니라 시민에게 있음이 명확히 드러나는 날이었다. 한국 사회에서 모일 곳이 없던 시절, 길은 이렇게 아고라 역할을 했다.

다채색 친환경

친환경은 녹색일까, 다채색일까? 요즘 친환경을 워낙 강조하다보니, 공공디자인이 적용되는 모든 곳을 녹색으로 덮으려는 경향이 강하다. 장소의 성격이나 맥락을 불문하고 공원으로 만들거나, 나무나 잔디, 꽃, 연못, 분수 등으로 공간을 메운다. 광장은 기껏해야 공원 한쪽의 부속공간으로 어정쩡하게 숨어 있다. 녹색 전제주의다.

다 알다시피 여의도공원은 원래 5·16광장이었다. 그런데 5·16광장이 구시대 이데올로기와 전제정치의 상징이라며 공원으로 바꾸는 계획이 추진되어 지금의 공원이 들어섰다. 하지만 고故 김대중 대통령은 5·16광장이 사라지면 인구 천만의 도시 서울에 사람들이 모일 수 있는 반듯한 광장이 없어진다고 우려했다. 직접민주정치를 경험하고 이끌었던 지도자로서 광장의 의의를 이해하고 있던 그의 의견을 따라 공원 안쪽에 빈 공간이 들어섰다.

공원이 있으면 됐지, 그는 왜 광장을 원했던 것일까? 공원에도 사람들이 모일 수는 있다. 하지만 나무며, 구릉이며, 연못이며, 생태길이라고 이름 붙여진 길들은 사람들의 모임을 갈기갈기 찢어놓는다. 이와 달리 광장은 많은 사람이 모이는 열린 공간이다. 곳곳에서 여러 놀이를 벌이다가, 커다란 공동의 관심사가 생기면 한꺼번에 응집된 힘을 낼 수 있는 변화무쌍한 공간이다.

현재의 여의도공원은 공원에다 광장을 부속물처럼 욱여넣으면서 광장의 취지를 제대로 살리지 못했다. 원래 광장이란 사람들을 자연스

레 불러들이는 곳이어야 한다. 좁다란 길이 갑자기 넓은 마당으로 바뀌고, 내가 걸어온 길뿐만 아니라 다른 길들이 그 광장으로 모두 연결되어 곳곳에서 사람들이 모여드는 곳이어야 한다. 차도 한잔 마시고, 돈이 없으면 그늘 아래서 쉬고, 그러다 광장을 떠도는 사람들의 이야기를 들어보고, 맞다 싶으면 귀를 쫑긋 세우고 다가가기도 한다. 이것이 의사소통의 시발점이다. 일상의 삶터와 정치적 이야기들이 만나는 곳이 광장이다. 그래서 여의도공원의 광장은 아쉬움이 많이 남는다. 고립된 광장은 어쩌다 이벤트가 열리는 공간으로 가끔 활용될 뿐이다. 차라리 광장을 공원 언저리에 두어 사람들이 쉽게 오갈 수 있도록 하는 게 낫지 않았을까.

공원을 만들었다고 해서 친환경 도시가 완성되는 건 아니다. 도시의 지속성은 공동체의 지속성에 기반을 두고 있다. 소통의 공간인 광장을 공원으로 바꿀 게 아니라, 공간을 비워 막혀 있는 소통의 물꼬를 터줘야 한다. 녹색 전제주의를 넘어서는 다채색 친환경이 우리 삶에 필요하다.

에필로그

 이 책에서 나는 풍경이라는 말로 사람과 자연의 관계를 풀어보았다. 환경이라는 말은 왠지 낯설기도 하고, 사람과 자연의 교감을 사무적으로 다루는 듯해서다. 어릴 적 마당에 깔린 덕석 위로 벼, 고추, 토란대를 말리던 청명한 가을 햇살은 내 살갗도 바싹바싹 말렸다. 똑 부러지게 모양 잡힌 밥알과 투명한 비단 같은 실고추를 얹은 은어찜 그리고 나긋나긋한 토란대가 밥상에 오르면 그 쨍쨍한 가을 햇살까지 함께 올라왔다. 우리는 그 가을 햇살을 먹고 강건하게 자랐다. 자연은 우리의 혀끝에, 목구멍에 그리고 오장육부에 녹아들어 피가 되고 살이 되었다.

 자연은 살갗에 절절히 느껴질 정도로 그렇게 지척에 있었다. 이 친밀함을 환경이라는 말로는 풀 수 없어서 고민 끝에 풍경을 택했다. 이렇듯 풍경은 단순한 자연물의 집합체가 아니다. 보이는 데에서 그치지 않고, 다양한 경로를 통해 우리와 교감한다. 과학기술은 삶을 편리하게 해주지만, 자연과 사람 사이의 감각적 교감을 차단하기도 한다. 바깥에

서 산들바람이 불거나 말거나, 햇살이 따사롭거나 말거나, 우리는 유리벽 안에서 그저 무감각하게 지낸다. 삶과 맞닿은 자연을 다시 발견하는 게 환경문제를 해결하는 첫걸음이다.

우리와 교감하는 풍경은 마음에 다양한 상을 키워낸다. 풍경은 마음의 거울이자 마음의 은유이다. 그래서일까? 어릴 적 고향에서 겨울마다 스쳤던 '눈 덮인 대나무' 풍경이 낫살이 든 지금에는 정말이지 내 마음을 보는 것 같다. 평소에는 조용한 내가 탁구를 칠 때마다 왜 그렇게 요란해지는지 예전에는 이해하지 못했다. 시베리아의 냉기와 몬순의 열기가 겹치는 눈 덮인 대나무처럼 내 마음에도 겹이 진 풍경이 자리 잡고 있었다. 아니 내 마음 자체가 모순적 기상의 풍경이다. 이처럼 내 마음에 풍경이 있고 풍경에 내 마음이 있으니, 내가 풍경이고 풍경이 나다. 풍경을 살피는 것은 바로 내 마음을 성찰하는 일이다.

낯선 풍경과의 대면은 고향의 풍경을 재발견하는 계기가 된다. 유랑이 삶에서 중요한 이유도 이 때문이다. 이 책을 쓰는 데 가장 많은 영감을 준 사람이 와쓰지인데, 그는 나에게 풍경과 풍경 사이를 오가는 유랑자로 다가온다. 1927년에 유학을 떠난 와쓰지는 고베 항을 떠나 베를린에 다다를 때까지 몬순지대, 사막지대, 초원지대와 같은 다양한 풍경을 접한다. 와쓰지는 다양한 풍경이 지닌 색다름에 빠져드는 동시에 자기가 자라온 풍경의 독특함을 처음으로 발견한다.

내게도 유사한 경험이 있다. 그리스 파르나소스 산 중턱에 자리한 델포이 성소에 섰을 때였다. 그리스의 투명한 대기는 먼 산도 손에 잡힐 듯 선명하게 드러냈다. 온순한 자연이 키운 삼나무는 사람이 다듬은 듯 균형이 잡혀 있었다. 너무나도 다른 풍경을 마주하자 나를 키운 풍경이 살아났다. 대기를 메우는 습기로 인해 산자락 빛깔이 층을 만들며 변하는 그 흔한 우리네 풍경이 비범하게 다가왔다. 산자락이 겹치며 드러날 듯 말 듯 비치는 에로티시즘적인 한국의 풍경을 그리스인이 본다면 그 매력에 빠져드는 것은 물론이고, 매일같이 그들을 에워싸는 투명한 대기를 새롭게 바라볼 것이다.

하나의 풍경에 갇혀서는 내 풍경의 독특함이 보이지 않고, 그 풍경이 은유하는 마음이 무언지도 알 수 없다. 자기 발견은 나의 풍경과 타자의 풍경, 나의 마음과 타자의 마음을 동시에 발견하고 비춰보는 사건이다. 여기에는 서로의 차이가 명확히 드러나면서도, 차이에 의해 서로에게 끌리는 새로운 관계의 변증법이 내포되어 있다. '나'란 독자성獨自性은 나를 독특하게 만드는 내 안의 무엇이 아니라, 바깥에 있는 나와는 다른 누군가와의 관계에 의해 드러나기 때문이다. 타자를 인정하지 않는 '나'는 알맹이 없는 허깨비일 뿐이다. 빈방에 앉아 있기만 해서는 나를 들여다보기 어렵다. 훌훌 털고 일어나 낯선 풍경과 그 풍경이 은유하는 타자를 찾아 길을 떠나야 한다.

인도를 겁 없이 떠돌던 시절이 생각난다. 햇빛이 갠지스 강 표면 위에 떨어지면 시바 신의 광채가 된다는 것을 그때 몸으로 배웠다. 이 광채는 인간의 마음과 자연이 어우러져 만들어낸 은유의 풍경이고, 어느 지리철학자의 말을 빌리면 중재médiance의 풍경이다. 파리의 겨울날도 떠오른다. 햇빛이 어느 이름 없는 광장에 깔린 매끈매끈한 돌 표면에 떨어져 반사될 때, 광장은 '어머니의 품'으로 변했다. 따사로운 어머니의 품 역시 인간의 마음과 자연이 빚어낸 은유의 풍경이자 중재의 풍경이다. 그 따사로움에 포섭되어 동방에서 온 검은 머리의 나그네와 금발의 여인이 광장으로 어슬렁어슬렁 걸어 나와 대면한다. 풍경은 공감각을 기반으로 우리를 하나로 묶으면서, 서로의 차이를 극명하게 드러낸다. 이처럼 풍경은 동질성과 차이를 동시에 담아낸다.

    요즘 친환경과 지속성에 대한 논의가 뜨겁다. 우리가 재발견해야 하는 대상은 자연이 아니라 풍경이다. 문명에 찌든 삶이 만들어낸 허상인 순수자연이 아닌, 내 살갗을 파고들고 마음을 물들이며 나와 너를 이어주는 '풍경'에 대한 재발견이 우리에게 필요하다. 풍경은 공동체성이 배양되는 감각적 기반이 된다. 또 내가 속한 풍경을 떠나 다른 풍경과 그 안에서 살아가는 사람들을 만나는 것은 공동체의 자폐성을 초월하여 공공의 영역으로 나아가는 길이다.

참고문헌

· Adolf Loos, "Ornament and Crime", in *Ornament and Crime: Selected Essays*, Ariadne Press, 1998.
· Adolf Loos, "Poor Little Rich Man", in *Spoken into the Void: Collected Essays 1897~1900*, Cambridge, Mass.: The MIT Press, 1982.
· Aldo Rossi, *The Architecture of the City*, Cambridge, Mass.: MIT Press, 1982.
· Archibald E. Gough, *The Philosophy of the Upanishads: Ancient Indian Metaphysics*, Delhi: Ess Ess Publications, 1975.
· Aristotle, *Aristotle's Metaphysics: A Revised Text with Introduction and Commentary*, eds. by W. D. Ross, Oxford and New York: Oxford University Press, 1997.
· Augustin Berque, "The Ontological Structure of Mediance as a Ground of Meaning in Architecture", in *Structure and Meaning in Human Settlements*, eds. by Tony Atkin and Joseph Rykwert, Philadelphia: University of Pennsylvania Museum of Archaeology and Anthropology, 2005, pp. 97~106.
· Bernard Tschumi, *Architecture and Disjunction*, Cambridge, Mass.: MIT Press, 1996.
· Daisetz T. Suzuki, *Zen and Japanese Culture*, Princeton, N.J.: Princeton University Press, 1959.
· David A. Dilworth, "Introduction and postscript" in Nishida Kitaro, in *Last Writings: Nothingness and the Religious Worldview*, Honolulu: University of Hawaii Press, 1987, pp.

5~6, pp. 130~131.
- David Leatherbarrow and Mohsen Mostafavi, *Surface Architecture*, Cambridge, Mass.: The MIT Press, 2005.
- David Leatherbarrow, *The Roots of Architectural Invention*, Cambridge, New York: Cambridge University Press, 1993.
- David Leatherbarrow, *Topographical Stories: Studies in Landscape and Architecture*, Philadelphia: University of Pennsylvania Press, 2004.
- Hannah Arendt, *The Human Condition*, Chicago: University of Chicago Press, 1973.
- Herman Hertzberger, Addie van Roijen-Wortmann, and Francis Strauven, *Aldo van Eyck*, Amsterdam: Stichting Wonen, 1982.
- Immanuel Kant, "What is Enlightenment?", in *On History*, eds. by Lewis White Beck, New York: Macmillan, 1985, pp. 3~10.
- Immanuel Kant, *Critique of the Power of Judgement*, eds. by Paul Guyer and trans. by Paul Guyer and Eric Matthews, Cambridge, U.K., New York: Cambridge University Press, 2000.
- Indra McEwen, *Socrates' Ancestors*, Cambridge, Mass.: MIT Press, 1993.
- Jin Baek, "Climate, Sustainability and the Space of Ethics: Tetsuro Watsuji's Cultural Climatology and Residential Architecture", *Architectural Theory Review* (Dec. 2010), vol.

15, no. 3, pp. 377~395.
- Jin Baek, "Kitaro Nishida's Philosophy of Emptiness and Its Architectural Significance", *Journal of Architectural Education* (Nov. 2008), vol. 62, no. 2, pp. 37~43.
- Jin Baek, "*Mujo*, or Ephemerality: the Discourse of the Ruins in Post-War Japanese architecture", *Architectural Theory Review* (2006), vol. 11, no. 2, pp. 66~77.
- Jin Baek, *Nothingness: Tadao Ando's Christian Sacred Space*, London, New York: Routledge, 2009
- Joseph Rykwert, *The Necessity of Artifice*, New York: Rizzoli, 1982.
- K. Chandramouli, *Luminous Kashi to Vibrant Varanasi*, Varanasi: Indica Books, 2006.
- Kakauzo Okakura, *The Book of Tea*, New York: Dover Publications, 1964.
- Karsten Harries, "Decoration and Decadence", in *The Broken Frame: Three Lectures*, Washington, D.C.: Catholic University of America Press, 1989, pp. 33~63.
- Kitaro Nishida, *Last writings: Nothingness and the Religious Worldview*, trans. by David A. Dilworth, Honolulu: University of Hawaii Press, 1987.
- Leon Battista Alberti, *On the Art of Building in Ten Books*, trans. by Joseph Rykwert, Neil Leach and Robert Tavernor, Cambridge, Mass.: The MIT Press, 1988.
- Martin Heidegger, "Building, Dwelling, Thinking", in *Poetry, Language, Thought*, trans. by Albert Hofstadter, New York: Harper and Row, 1971, pp. 143~161.

- Martin Heidegger, "The Origin of the Work of Art", in *Basic Writings*, eds. by David Farrell Krell, San Francisco: HarperSanFrancisco, 1993, pp. 139~206.
- Maurice Merleau-Ponty, *The Visible and the Invisible*, eds. by Claude Lefort, trans. by Alphonso Lingis, Evanston: Northwestern University Press, 1968.
- Maurice Merleau-Ponty, *The World of Perception*, trans. by Oliver Davis, London and New York: Routledge, 2004.
- Otto Rank, *The Trauma of Birth*, New York: Dover Publications, 1994.
- Plato, *Plato's Cosmology: The Timaeus of Plato*, trans. with a commentary by Francis Macdonald Cornford, Indianapolis, Indiana: Hackett Publishing Company, 1997.
- Richard Neutra, *Nature Near: The Late Essays of Richard Neutra*, eds. by William Marlin, Santa Barbara, California: CAPRA Press, 1989.
- Richard Neutra, *Survival through Design*, New York: Oxford University Press, 1954.
- Sigmund Freud, *Civilization and Its Discontents*, New York, London: W. W. Norton & Company, 2010.
- Sylvia Lavin, *Form Follows Libido*, Cambridge, Mass.: The MIT Press, 2005.
- Testuro Watsuji, *A Climate*: *A Philosophical Study(Fudo)*, trans. by Geoffrey Bownas, Tokyo: Print Bureau, Japanese Government, 1961.
- Thomas C. McEvilley, *The Shape of Ancient Thought: Comparative Studies in Greek and*

Indian Philosophies, New York: Allworth Press, 2002.
- Vitruvius, *The Ten Books on Architecture*, trans. by Morris Hicky Morgan, New York: Dover Publications, 1960.
- William R. LaFleur, *The Karma of Words: Buddhism and the Literary Arts in Medieval Japan*, Berkeley and Los Angeles: University of California Press, 1983.
- 이어령,『축소지향의 일본인』, 문학사상사, 2008.
- 木岡伸夫,『風土の論理: 地理哲學への道』, ミネルヴァ書房, 2011.
- 西田幾多郎,『西田幾多郎全集』, 全19卷, 岩波書店, 1947~1953.
- 和辻哲郎,『和辻哲郎全集』, 全25卷, 別卷2冊, 岩波書店, 1989~1992.
- 小泉和子,『「日本の住宅」という実験: 風土をデザインした藤井厚二』, 農山漁村文化協会, 2008.

도판 출처

첫 번째 이야기 - 삶이 보이는 풍경

021쪽 ⓒLord Ameth, CC BY-SA GNU Free Documentation License Wikimedia commons
036쪽 ⓒLee Fenner, CC BY Wikimedia commons
040쪽 ⓒDavid Shankbone, CC BY Wikimedia commons
045쪽 ⓒTadao Ando Architect and Associates
061쪽 ⓒSteve Evans, CC BY Wikimedia commons
063쪽 ⓒMary Ann Sullivan
066쪽 ⓒNoopur28, CC BY-SA Wikimedia commons

두 번째 이야기 - 마음이 보이는 풍경

077쪽 왼쪽 Leonardo da Vinci (1452~1519), Vitruvian Man (1487), Gallerie dell'Accademia
077쪽 오른쪽 Vitruvian Man (1521), Cesariano edition
079쪽 Michelangelo di Lodovico Buonarroti Simoni (1475~1564), Studies for the Sistine Ceiling and the Tomb of Julius II (1510~1513), Oxford, Ashmolean Museum
081쪽 Doryphoros (1st Centruy BC), Naples National Archaeological Museum
095쪽 ⓒ안성우

099쪽 ©Matthew Parker, CC BY-SA GNU Free Documentation License Wikimedia commons
102쪽 ©강은기
108쪽 Rembrandt van Rijn (1606~1669), Landschaft mit der Taufe des Kämmerers (1636), Niedersächsisches Landesmuseum Hannover

세 번째 이야기 - 어울려 사는 풍경
118~119쪽 ©Paul Sableman, CC BY Wikimedia commons
123쪽 Gustav Klimt (1862~1918), Adele Bloch-Bauer (1907), Austrian Gallery, Vienna
125쪽 ©김진균
133쪽 위 ©Bruno Pek, CC BY-SA Wikimedia commons
139쪽 ©Frode Steen, CC BY GNU Free Documentation License Wikimedia commons
141쪽 ©Roy Luck, CC BY Wikimedia commons
145쪽 ©Purple, CC BY-SA GNU Free Documentation License Wikimedia commons
151쪽 위 ©Herman Hertzberger, Addie van Roijen-ortmann, Francis Strauven, Aldo van Eyck, Amsterdam: Stichting Wonen, 1982, pp. 44~45에 수록된 드로잉 참고
155쪽 ©minniemouseaunt, CC BY Wikimedia commons

네 번째 이야기 - 지속하는 풍경

161쪽 Emile Bernard (1868~1941), Madeleine in the Bois d'Amour (1888), Musee d'Orsay

164쪽 Burdened Children, 1930, Paul Klee (1879~1940), ©Tate, London 2013

166쪽 Villa Medici at Poggio a Caiano, by Giuliano da Sangallo (1443~1516), begun 1485; Giusto Utens (d. 1609), lunette (1598~1599) of villa Medici, Museo di Fierenze com'era, Florence

171쪽 Giovanni Battista Piranesi (1720~1778), Well (Carcere XIII) (1761)

173쪽 Paul Gauguin (1848~1903), Je vous salue Marie (1891), Metropolitan Museum of Art, New York City

178쪽 위 ©Romary, CC BY-SA GNU Free Documentation License Wikimedia commons

183쪽 ©Austin Cho

185쪽 ©Debra Heaphy, CC BY-SA Wikimedia commons

190~191쪽 ©Nicholas, CC BY Wikimedia commons

192쪽 ©ilamont.com, CC BY Wikimedia commons

200~201쪽 ©Steve Cooke

206쪽 ©경향신문

208쪽 ©박시영

백 진 白 鎭

서울대학교에서 건축학을 전공하고, 동 대학원을 졸업했다. 미국으로 건너가 예일 대학교에서 건축학 석사학위를, 펜실베이니아 대학교에서 건축학 박사학위를 받았다. 펜실베이니아 주립대와 동경대 등에서 교편을 잡았고, 현재 서울대학교 건축학과 부교수로 재직 중이다. 현상학적인 관점을 바탕으로 건축·도시·환경문제를 꾸준히 연구하고 있다. 지은 책으로 『Nothingness: Tadao Ando's Christian Sacred Space』가 있고, 해외 저널에 다수의 글을 발표했다.

풍경류행

1판 1쇄 펴냄 | 2013년 8월 20일
1판 2쇄 펴냄 | 2013년 11월 30일

지은이 백진
펴낸이 송영만
디자인 자문 최웅림

펴낸곳 효형출판
출판등록 1994년 9월 16일 제406-2003-031호
주소 413-756 경기도 파주시 회동길 125-11 (파주출판도시)
전자우편 info@hyohyung.co.kr
홈페이지 www.hyohyung.co.kr
전화번호 031 955 7600 | **팩스** 031 955 7610

ISBN 978-89-5872-121-5 03540

이 책에 실린 글과 사진은 효형출판의 허락 없이 옮겨 쓸 수 없습니다.

값 14,000원

• 이 책은 한국출판문화산업진흥원의 2013년 〈우수출판기획안 지원〉 사업 당선작입니다.